工业机器人编程与操作

主　编　官　文　卢　峰　曾小山
副主编　温尊伟　汪　彬　何志发
　　　　谢春龄　方　掩　洪志勇

北京理工大学出版社
BEIJING INSTITUTE OF TECHNOLOGY PRESS

版权专有　侵权必究

图书在版编目（CIP）数据

工业机器人编程与操作 / 官文, 卢峰, 曾小山主编.
北京：北京理工大学出版社, 2025.1.
ISBN 978-7-5763-4760-9

Ⅰ. TP242.2

中国国家版本馆 CIP 数据核字第 2025MJ3666 号

责任编辑：王梦春　　**文案编辑**：辛丽莉
责任校对：周瑞红　　**责任印制**：李志强

出版发行 /	北京理工大学出版社有限责任公司
社　　址 /	北京市丰台区四合庄路 6 号
邮　　编 /	100070
电　　话 /	（010）68914026（教材售后服务热线）
	（010）63726648（课件资源服务热线）
网　　址 /	http://www.bitpress.com.cn

版 印 次 /	2025 年 1 月第 1 版第 1 次印刷
印　　刷 /	涿州市新华印刷有限公司
开　　本 /	787 mm × 1092 mm　1/16
印　　张 /	12.5
字　　数 /	284 千字
定　　价 /	72.00 元

图书出现印装质量问题，请拨打售后服务热线，负责调换

前言

作为现代制造业的重要组成部分，工业机器人在实际生产制造中扮演着无可替代的角色。由于其高效、精准、可靠的特点，工业机器人得到了越来越广泛的应用和认可。掌握工业机器人的编程与操作技能，已经成为现代制造业人才的基本要求。本教材旨在帮助读者系统地学习工业机器人的编程与操作知识，深入了解工业机器人的基本原理和工作机制。本教材为 2023 年职业教育国家在线精品课程《工业机器人编程与操作》配套教材，通过本书的学习，学生将掌握工业机器人的编程方法与技巧，了解如何进行工业机器人的日常操作与维护，提高工作效率，降低生产成本。

为贯彻落实《习近平新时代中国特色社会主义思想进课程教材指南》文件要求和党的二十大精神，本书重点突出了知识目标、技能目标、素养目标的培养，为学生后续发展奠定了良好的基础。本书可以作为高职院校装备制造类相关专业的授课教材，同时也可作为工业机器人应用领域工程技术人员的参考书，还可作为广大机器人爱好者的自学参考书。

本书知识点基于 ABB 机器人基础教学工作站展开讲解，共划分为 5 个项目、18 个任务。

项目 1 为工业机器人系统认知，分为 4 个任务。首先介绍工业机器人的定义、系统组成、特点分类、编程方式和发展趋势，然后介绍 ABB 机器人基础教学工作站的组成与操作、示教器的设置与使用和工业机器人系统的备份与恢复。

项目 2 为工业机器人搬运应用，通过 4 个任务的讲解，让学生掌握 ABB 机器人 I/O 信号的配置步骤、单轴运动搬运、线性运动搬运等基本操作，以及 ABB 机器人的一些基本运动指令和等待指令，最终通过机器人的 RAPID 程序编写实现机器人自动搬运物块。

项目 3 为工业机器人涂胶应用，通过 2 个任务的展开，结合机器人涂胶的应用，讲解了工业机器人工具坐标系和三角形和圆形轨迹的编程等相关知识。

项目 4 为工业机器人码垛编程与调试，分为 4 个任务，讲解了工业机器人工件坐标系的设定、逻辑指令、数组等知识，然后利用所学知识点，完成不同形式的机器人自动码垛任务。

项目 5 为工业机器人物流分拣，分为 4 个任务。前 3 个任务讲解了物流行业中机器人

1

自动分拣常见的智能分拣应用，第 4 个任务介绍了机器人产线安全与防护。

本书由江西环境工程职业学院官文、卢峰、曾小山主编，温尊伟、汪彬、何志发、赣州职业技术学院谢春龄、格力电器（赣州）有限公司的方掩和洪志勇任副主编。在教材编写过程中还得到学校教务处，汽车机电学院领导及有关同志的大力支持与协助，在此一并表示感谢。

本教材配套的在线开放课程网站：http://www.xueyinonline.com/course2/c1a02231c6613ab5。

本书内容涉及面广，由于编者水平有限，书中难免存在疏漏和错误，欢迎读者批评指正。

编　者

目录

项目1　工业机器人系统认知 ··· 1

任务1.1　工业机器人系统介绍 ··· 1
1.1.1　工业机器人的定义 ··· 2
1.1.2　工业机器人系统的组成 ··· 2
1.1.3　工业机器人的特点 ··· 4
1.1.4　工业机器人的分类 ··· 6
1.1.5　工业机器人的编程方式 ··· 11
1.1.6　工业机器人的发展趋势 ··· 12

任务1.2　ABB机器人实操工作站介绍 ··· 16
1.2.1　ABB机器人基础教学工作站的组成 ··· 16
1.2.2　ABB机器人基础教学工作站的操作 ··· 20

任务1.3　ABB机器人示教器的设置与使用 ··· 22
1.3.1　示教器的组成 ··· 22
1.3.2　示教器的操作窗口 ··· 23
1.3.3　示教器的控制面板 ··· 24
1.3.4　示教器按键介绍 ··· 25

任务1.4　工业机器人系统备份与恢复 ··· 31
1.4.1　工业机器人系统备份 ··· 31
1.4.2　工业机器人系统恢复 ··· 32

项目2　工业机器人搬运应用 ··· 40

任务2.1　工业机器人搬运夹具的信号配置 ··· 40
2.1.1　ABB机器人I/O通信的种类介绍 ··· 41
2.1.2　ABB标准I/O板DSQC 652 ··· 41
2.1.3　工业机器人I/O信号配置步骤 ··· 47

任务 2.2	单轴运动搬运	54
2.2.1	6 轴机器人的关节轴	55
2.2.2	使用单轴运动完成物块的手动搬运	56
2.2.3	使用单轴运动完成转数计数器更新	59

任务 2.3	线性运动搬运	69
2.3.1	工业机器人大地坐标系、基坐标系的概念	70
2.3.2	工业机器人线性运动	72

任务 2.4	工业机器人自动搬运	76
2.4.1	ABB 机器人 RAPID 编程语言与程序的基本架构	77
2.4.2	ABB 机器人运动指令的使用及各参数含义	80
2.4.3	机器人 I/O 信号控制（Set，Reset 指令）	82
2.4.4	时间等待指令 WaitTime	84
2.4.5	指令编程完成单个物块自动搬运	86

项目 3　工业机器人涂胶应用 ... 89

任务 3.1	涂胶工具设定	89
3.1.1	工具坐标系的设定原理	90
3.1.2	工具坐标系的测试	91

任务 3.2	涂胶指令及涂胶实训	97

项目 4　工业机器人码垛编程与调试 ... 112

任务 4.1	单排码垛	112
4.1.1	循环指令 FOR	113
4.1.2	工件坐标系设定	117
4.1.3	Offs 指令	122
4.1.4	机器人程序数据	123

任务 4.2	双排码垛	133
4.2.1	FOR 指令嵌套	134
4.2.2	WHILE 指令嵌套	136

任务 4.3	一字码垛	141
任务 4.4	三层楼梯码垛	145

项目 5　工业机器人物流分拣 ... 152

任务 5.1	物块位置交换	152
5.1.1	带参程序介绍	153
5.1.2	带参程序创建步骤	154
5.1.3	程序调用指令 ProCall	157

任务 5.2　物流智能分拣 ··· 161
　　5.2.1　逻辑判断指令 IF ··· 162
　　5.2.2　IF 指令与 WHILE 指令的区别 ··· 166
任务 5.3　物块智能排序 ··· 170
任务 5.4　机器人产线安全与防护 ··· 174
　　5.4.1　ABB 机器人停止介绍 ·· 174
　　5.4.2　机器人中断程序的含义 ·· 175

参考文献 ··· 189

项目 1

工业机器人系统认知

项目介绍

目前，我国已成为全球最大的工业机器人市场。我国人口结构的变化、技术的进步、工业自动化进程的加快和智能制造的深入，推动工业机器人产业快速发展。工业机器人已经成为工业生产实践中必不可少的组成部分，所以有必要深入了解工业机器人的构成、特点、分类和应用，以及工业机器人系统的组成和控制方式等知识。

任务 1.1 工业机器人系统介绍

任务描述

本任务详细介绍了工业机器人系统的定义、组成、分类和主要用途，以及工业机器人系统的控制方式和基本功能；同时，简要介绍了工业机器人技术的发展趋势。

1. **知识目标**

（1）了解工业机器人系统的定义、组成、分类和主要用途。
（2）熟悉工业机器人系统的控制方式和基本功能。
（3）了解工业机器人技术的发展趋势。

工业机器人的定义

2. **技能目标**

（1）能够对生活中常见工业机器人进行分类。
（2）能够了解生活中常见工业机器人各组成模块的功能。
（3）熟悉工业机器人的常见控制方式。

3. **素养目标**

（1）培养学生技术报国的家国情怀。
（2）培养学生脚踏实地、自主创新的工匠精神。
（3）鼓励学生主动学习，主动了解科学技术的发展趋势。

相关知识

1.1.1　工业机器人的定义

国际标准化组织对工业机器人的定义：工业机器人是一种能自动控制、可重复编程、多功能、多自由度的操作机，能够搬运材料、工件或者操持工具来完成各种作业。我国于2021年6月1日实施的国家标准《机器人分类》（GB/T 39405—2020）对工业机器人的定义为"自动控制的、可重复编程、多用途的操作机，可对三个或三个以上关节轴进行编程，它可以是固定式或移动式。在工业自动化中使用。"目前，工业机器人已广泛应用于电子产品、汽车制造、船舶制造、化工等多个工业领域。工业机器人如图1-1所示。

图1-1　工业机器人

1.1.2　工业机器人系统的组成

工业机器人主要由机器人本体、机器人控制器、示教器、电机驱动电缆、数据交换电缆、示教器通信电缆等组成，如图1-2所示。

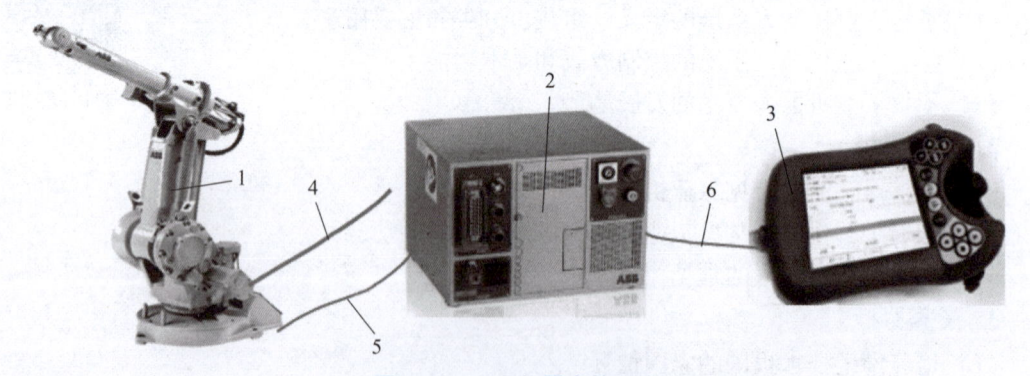

图1-2　工业机器人的组成
1—机器人本体；2—机器人控制器；3—示教器；4—电机驱动电缆；
5—数据交换电缆；6—示教器通信电缆

（1）机器人本体：工业机器人的主体机械部分，是用来完成各种工作作业的执行机构。本体主要部件由伺服电机、减速器、金属机身及线缆等构成。伺服电机连接减速器驱动关节旋转，使工业机器人末端安装的不同执行机构执行相应的应用功能。其中伺服电机是可以将电信号转换成电机轴上的角位移或角速度的控制元件。如图 1-3 所示，伺服电机由伺服电机驱动器发出脉冲控制电机转动，同时电机通过其末端的编码器（见图 1-4）反馈实时角度的脉冲信号给驱动器，形成闭环控制，保证了伺服电机的精度。工业机器人使用的减速器是为了降低转速、增大转矩，主要以旋转矢量（rotary vector，RV）减速器和谐波减速器为主，如图 1-5 所示。

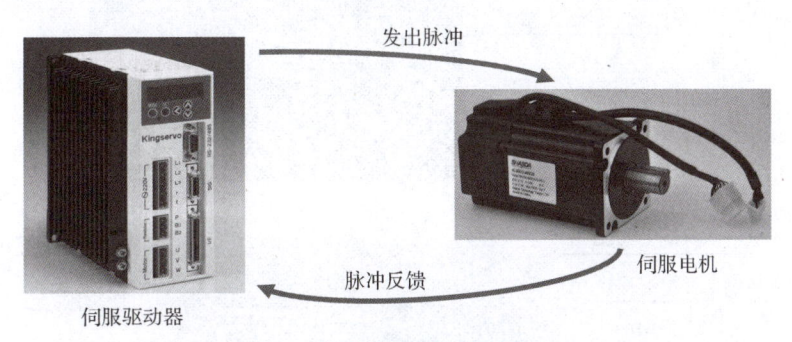

图 1-3 伺服驱动器和电机

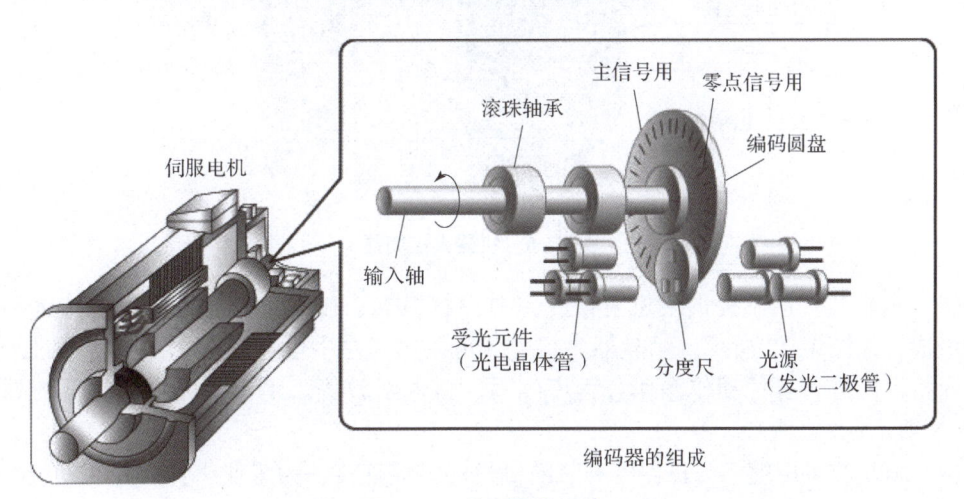

图 1-4 编码器的组成

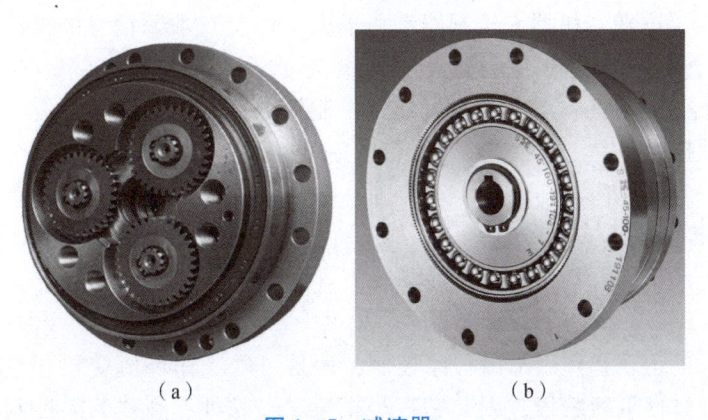

图 1-5 减速器

(a) RV 减速器；(b) 谐波减速器

（2）机器人控制器：工业机器人的大脑，指挥工业机器人的一切行动，主要由电源模块、电气控制模块、输入/输出（input/output，I/O）模块、机柜等部分组成，如图1-6所示。

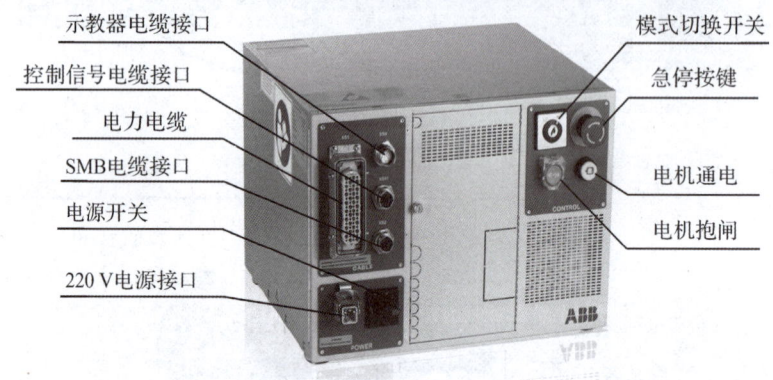

图1-6 机器人控制器

（3）示教器：用于提供人机对话，主要由触摸屏、按键、操纵杆、急停按键和使能按键组成，如图1-7所示。示教器手持方式可以选择左手也可以右手。可以通过示教器对工业机器人进行各种动作操作、程序编写、机器示教等。工业机器人示教器的握姿如图1-8所示。

（4）电机驱动电缆：与机器臂关节的电机动力线连接，为工业机器人的驱动装置提供电源。

（5）数据交换电缆：机器人控制器和机器人本体交互数据信号的电缆，交互数据信号包括I/O信号、模拟量信号和编码器信号等。

（6）示教器通信电缆：示教器和机器人控制器数据通信的专用电缆，用于示教器和机器人控制器的数据交互。

1.1.3 工业机器人的特点

1. 可编程

工业机器人的运动和作用都由程序控制，而且可随工作环境变化和生产需要通过示教器或计算机编程软件重新编程，因此它在小批量、多品种、高效的柔性制造系统中能发挥很好的作用，是柔性制造系统中的重要组成部分。

图 1-7 工业机器人示教器
（a）正面；（b）背面

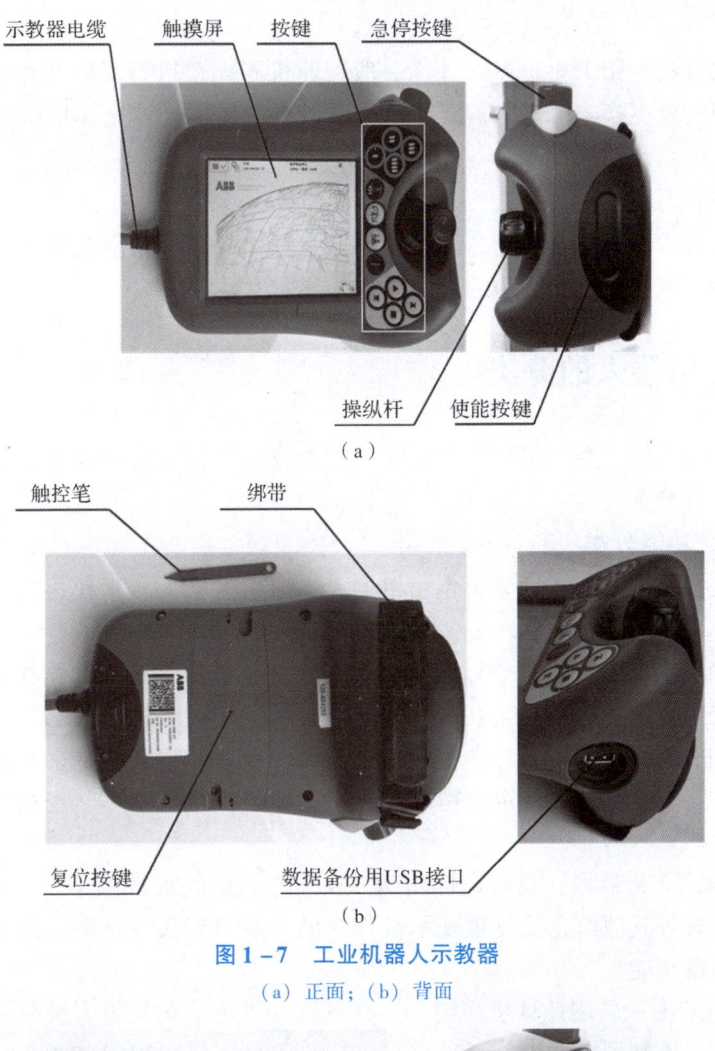

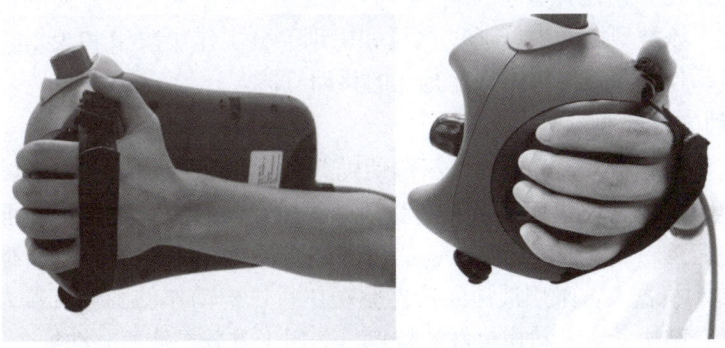

图 1-8 工业机器人示教器的握姿

2. 拟人化

工业机器人在机械结构上有类似人的大臂、小臂、手腕、手爪等部分，并通过类似人脑的机器人控制器来控制其运动。此外，在工业机器人上还可以安装许多传感器，如力传感器、位置感应器、视觉感应器和声觉传感器等，这些传感器可以模拟人的感官能力，提高了工业机器人对周围环境的自适应能力。

3. 通用性

除了专门设计的专用工业机器人外，一般工业机器人在执行不同的作用任务时具有较好的通用性，只需要更换末端执行器（手爪、吸盘、工具等），然后调用对应任务的机器人程序即可。

4. 涉及学科广泛

工业机器人技术涉及学科广泛，包括机械学、微电子学、计算机学和控制学等。多种学科的交叉应用使工业生产实践中的工业机器人越来越智能。

1.1.4 工业机器人的分类

关于工业机器人的分类，国际上没有统一的标准，可按其系统功能、驱动方式、结构形式和应用场合等分类。

1. 按照系统功能分类

工业机器人按照系统功能可分为专用机器人、通用机器人、示教再现式机器人和智能机器人等。

（1）专用机器人：在固定地点以固定程序工作的工业机器人。其结构简单、工作对象单一、无独立控制系统、造价低廉，如附设在加工中心机床上的自动换刀机械手。

（2）通用机器人：具有独立控制系统，通过改变控制程序能完成多种作业的工业机器人。其结构复杂、工作范围大、定位精度高、通用性强，适用于不断变换生产品种的柔性制造系统。

（3）示教再现式机器人：具有记忆功能，在操作人员的示教操作后，能按照示教的动作顺序、轨迹位置等其他信息反复重现示教作业的工业机器人。目前大部分主流机器人品牌都具有示教再现功能。

（4）智能机器人：采用计算机控制，具有视觉、听觉、触觉等多种感觉功能和识别功能的工业机器人。该类型机器人能通过比较和识别，自主作出决策和规划，自动进行信息反馈、完成预定动作，如用于物流搬运行业的移动机器人。

2. 按照驱动方式分类

工业机器人按照驱动方式可分为气压传动机器人、液压传动机器人和电气传动机器人。

（1）气压传动机器人：以压缩空气作为动力源驱动执行机构动作的工业机器人，具有动作迅速、结构简单、成本低廉的特点，适用于高速轻载、高温和粉尘大的作业环境。

（2）液压传动机器人：采用液压元器件驱动执行机构动作的工业机器人，具有负载能力强、传动平稳、结构紧凑、动作灵敏的特点，适用于重载、低速驱动场合。

（3）电气传动机器人：采用交流或直流伺服电机连接减速器驱动执行机构动作的工业机器人，具有机械结构简单、响应速度快、控制精度高等优点。电气传动是近年来常用的工业机器人传动结构。

3. 按照结构形式分类

工业机器人按照结构形式可分为直角坐标型机器人、圆柱坐标型机器人、球坐标型机器人和关节型机器人。

(1) 直角坐标型机器人：末端执行器可在三个相互垂直的 x 轴、y 轴、z 轴方向上做独立运动；控制简单、运动直观性强，易达到较高的定位精度；但操作灵活性差，运动速度较低，操作范围较小且占据空间较大，如图 1-9 和图 1-10 所示。

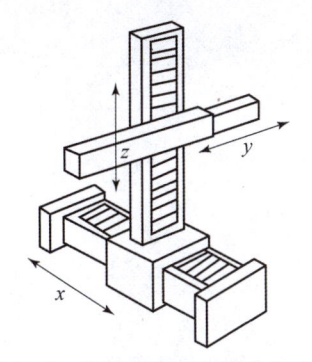

图 1-9 直角坐标型机器人示意图　　图 1-10 直角坐标型机器人

(2) 圆柱坐标型机器人：在水平转台装有立柱，立柱安装在回转机座实现旋转运动，水平臂可以自由伸缩，并可沿立柱上下移动；工作范围较大，运动速度较高，但随着水平臂沿水平方向伸长，其线位移分辨精度越来越低，如图 1-11 和图 1-12 所示。

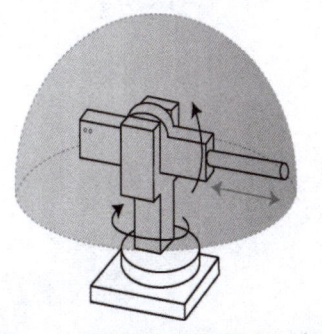

图 1-11 圆柱坐标型机器人示意图　　图 1-12 圆柱坐标型机器人

(3) 球坐标型机器人：又称极坐标型机器人，由回转机座、俯仰铰链和伸缩臂组成，具有两个旋转轴和一个平移轴；工作臂不仅可绕垂直轴旋转，还可绕水平轴作俯仰运动，且能沿手臂轴线做伸缩运动；操作比圆柱坐标型机器人更加灵活，并能扩大机器人的工作空间，如图 1-13 和图 1-14 所示。

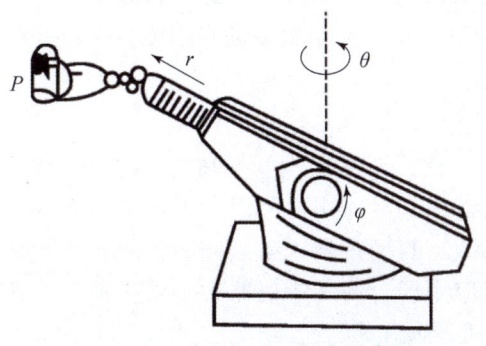

图 1-13 球坐标型机器人示意图　　图 1-14 球坐标型机器人

(4) 垂直多关节机器人：由多个关节连接的基座、大臂、小臂和手腕等构成，适用于任何轨迹或角度的工作；具有三维运动的特点，可做到高阶非线性运动；具有 6 个自由度的 6 轴机器人，是目前应用最广泛的自动化机械装置，如图 1-15 和图 1-16 所示。

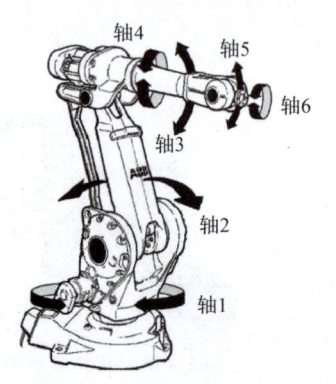

图 1-15　6 轴机器人示意图

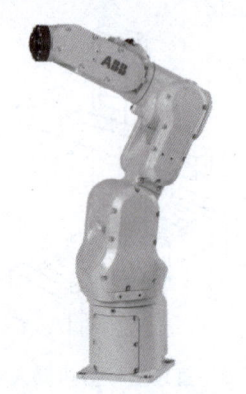

图 1-16　6 轴机器人

(5) 水平多关节机器人：又称平面关节型机器人（selective compliance assembly robot arm，SCARA），是一种圆柱坐标型的特殊类型工业机器人；一般有 4 个自由度，包含沿 x 轴、y 轴、z 轴方向的平移和绕 z 轴的旋转，如图 1-17 和图 1-18 所示。

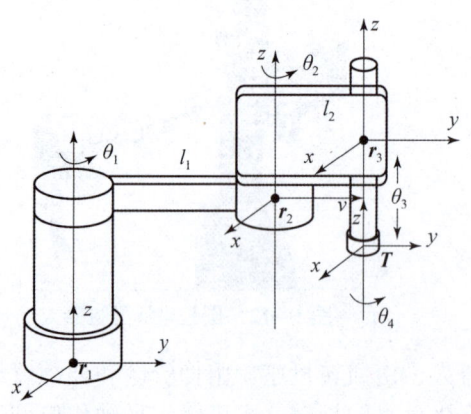

图 1-17　SCARA 机器人示意图

图 1-18　SCARA 机器人

(6) 并联机器人：又称 DELTA 机器人，一般由一个动平台、一个静平台和至少两根独立的活动连杆构成，连杆之间为并联结构，通过运动铰链连接动平台和静平台，相互之间不受影响；根据结构形式的不同，可以具有 2 个、3 个、4 个甚至更多的自由度，是以并联方式驱动的闭环机构，如图 1-19 和图 1-20 所示。

4. 按照应用场合分类

目前，工业机器人在实际工业生产中应用非常广泛，如汽车、电子制造、物流、食品等行业都可以看到工业机器人的身影。按照工业机器人的具体用途可以把工业机器人分为焊接机器人、搬运机器人、装配机器人、喷涂机器人、打磨机器人等。同时，随着工业技术的进步，工业机器人的应用领域也在扩大。不同应用场合的工业机器人主要区别在于其末端执行机构不同，下面列举几种常见应用的工业机器人。

图 1-19　DELTA 机器人示意图　　　　图 1-20　DELTA 机器人

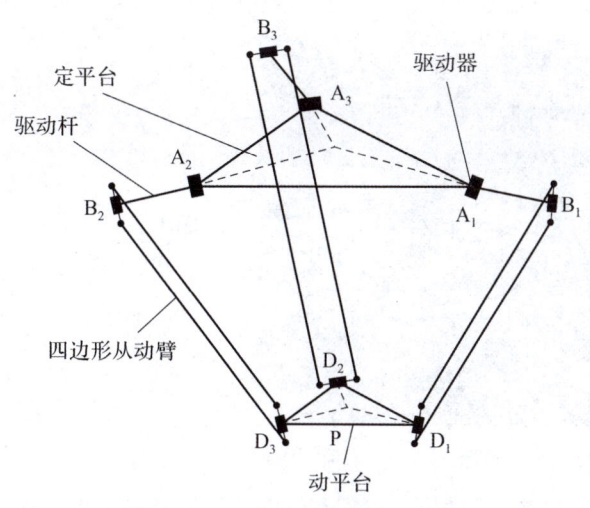

（1）焊接机器人。常用的焊接机器人主要有激光焊接、电焊和弧焊机器人三种，其中弧焊机器人近年来发展十分迅速。焊接是汽车制造、五金件制造、金属加工中必不可少的一项操作，所以焊接机器人在汽车制造行业的应用也非常广泛，尤其是电焊和弧焊机器人。一般在工业机器人末端安装特定的焊枪，然后使其通过示教编程按照特定的位置和轨迹进行焊接。相对于传统的人工焊接，焊接机器人提高了焊接精度与生产效率，极大地节省了人力。图 1-21 所示为正在焊接金属零件的焊接机器人。

图 1-21　焊接机器人

（2）搬运机器人。搬运机器人是可以代替人工进行自动化搬运作业的工业机器人，其主要作用是货物搬运、码垛。它可以使用形状、大小不同的末端执行器搬运不同的货物，极大地减轻了繁重的人工体力劳动。搬运机器人因其搬运效率高、节约人力等优点，广泛应用于机床上下料、冲压机自动化生产线、自动装配流水线、码垛搬运、集装箱等的自动搬运。搬运机器人的应用既可以提高搬运效率，也会缩减企业生产成本。图 1-22 所示为正在搬运编织袋物料的搬运机器人。

（3）装配机器人。在工业生产中，装配是一个比较复杂的作业过程，其中零件装配更是重中之重，需要大量的劳动力和工作时间。人力装配因为出错率高、效率低而逐渐被工业机器人代替。装配机器人依靠各种触觉传感器，如接触传感器、视觉传感器、接近传感器、压觉传感器、滑觉传感器和力觉传感器等，配上适当的程序，可完成复杂精细的装配

图1-22 搬运机器人

工作，同时具备高精度、高效率等优点，所以电子零件、汽车零部件的安装大多使用装配机器人。装配机器人是柔性自动化装配系统的核心设备，其末端执行器为了适应不同的装配对象而设计成各种手爪和装配夹具等。装配机器人主要用于各种电器制造（包括家用电器，如电视机、录音机、洗衣机、电冰箱、吸尘器）、小型电机、汽车及其部件、计算机、玩具、机电产品及其组件的装配等领域。图1-23所示为正在装配汽车轮胎的装配机器人。

图1-23 装配机器人

（4）喷涂机器人。喷涂是一些企业生产中不可缺少的环节，但易对人体健康造成损害。另外，喷涂工作要求比较严格，喷涂人员需要投入极大的精力，但是由于喷涂人员每日工作时间久，工作精力受到影响，因此难免会出现工作失误。例如，喷漆薄厚不均从而导致喷涂质量达不到工作要求等。喷涂机器人是可进行自动喷漆或喷涂其他涂料的工业机器人，所以应用喷涂机器人可有效解决这个问题。喷涂机器人的末端执行器一般安装有喷枪或喷头，通过人工示教喷涂轨迹，然后通过编程，机器人可以再现人工示教的喷涂轨迹。喷涂机器人广泛应用于汽车、仪表、电器、洁具和家具制造等领域，避免了喷涂人员在一些环境恶劣、对身体有害和体力劳动强度大的情况下工作。图1-24所示为正在喷涂车身的喷涂机器人。

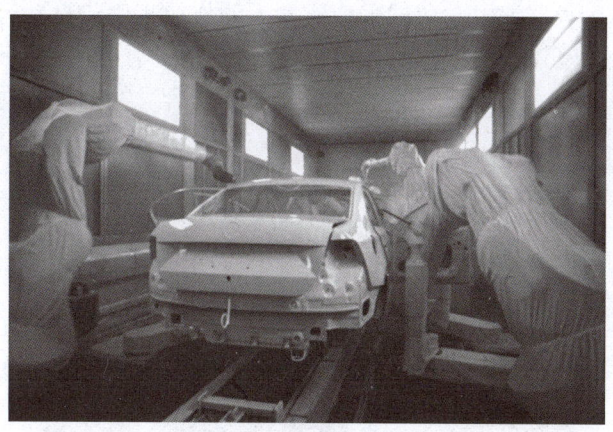

图 1-24 喷涂机器人

（5）打磨机器人。打磨机器人一般用于棱角去毛刺、焊缝打磨、表面抛光和内腔内孔去毛刺等工作，可代替人工实现自动化打磨，提高工作效率并保证产品优品率。打磨机器人分为工具型打磨机器人和工件型打磨机器人。工具型打磨机器人通过末端执行器夹持打磨工具，主动接触工件，工件相对固定，这种方式通常应用在机器人负载能力较小、工件质量和体积均较大的情况。工件型打磨机器人通过末端执行器夹持工件，使工件贴近接触打磨工具进行打磨，打磨工具相对固定，这种方式通常应用在工件体积小、对打磨精度要求较高的情况。目前，打磨机器人广泛应用于3C[*]行业、五金家具、医疗器材、汽车零部件、小家电和洁具制造等行业。图1-25所示为正在抛光五金件的打磨机器人。

图 1-25 打磨机器人

1.1.5 工业机器人的编程方式

工业机器人的编程方式主要分为示教编程和离线编程两种。

1. 示教器编程

如图1-26所示，示教编程即操作人员通过示教器，手动控制工业机器人的关节运动，使工业机器人运动到预定的位置，同时记录该位置，并传递到机器人控制器中，然后结合

---

[*] 3C 是指计算机（computer）、通信（communication）、消费电子（consumer electronic）。

这些示教位置，通过示教器编辑和调试工业机器人的作业程序。自动运行时，工业机器人可根据作业程序自动重复该任务，操作人员也可以选择不同的坐标系对工业机器人进行示教。示教器编程简单易用，调试方便，适用于大部分场合，特别是一些运动轨迹简单、复杂度低的场合。

图 1-26　工业机器人示教编程

2. 离线编程

ABB 机器人的离线编程利用 ABB 的离线编程软件，即 RobotStudio 软件，对工业机器人进行建模、编程和仿真。RobotStudio 软件包含的 ABB 机器人模型和实际模型一样，同时它还有建模功能，可以把实际生产中工业机器人及周边设备的布局在软件中真实地反映出来。RobotStudio 软件可以实现工业机器人工作轨迹干涉验证、工作范围和可达性验证、节拍优化、复杂轨迹离线编程、程序在线调试、参数在线配置等应用功能，所以，离线编程可应用于工作任务比较复杂的场合。RobotStudio 软件如图 1-27 所示。

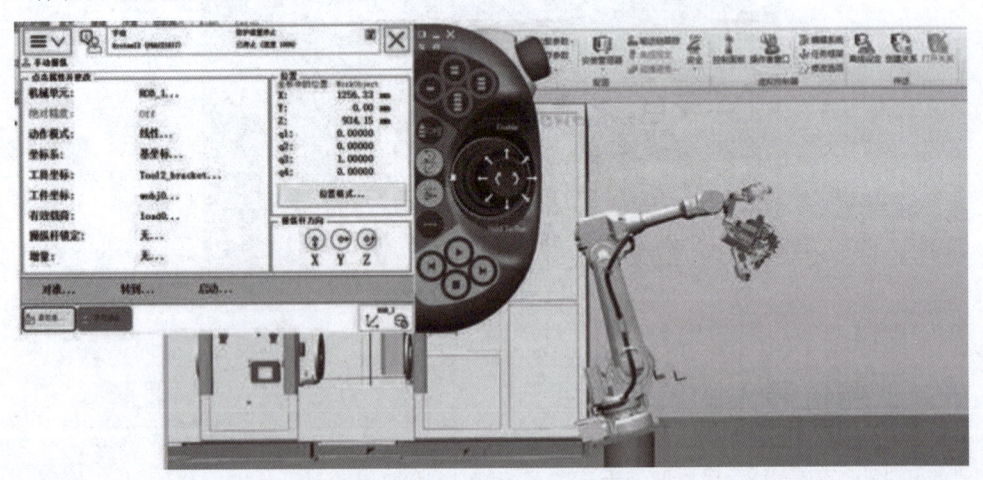

图 1-27　RobotStudio 软件

1.1.6　工业机器人的发展趋势

工业机器人在生产实践中的应用越来越广泛，随着科学技术的不断发展，工业机器人的相关技术也在快速发展。当今，工业机器人的发展趋势主要集中在以下几个方面。

（1）人机协作。人机协作机器人（又称协作机器人）的应用成为工业机器人领域的一个重要趋势。这类机器人可以和人类一起工作，实现更加灵活高效的生产流程。同时，协作机器人安全性高，特别是在协作和交互方面具有更加精准的感知和控制技术，以及更加完善的安全保护措施，极大地保障了操作人员的安全。图 1-28 所示为与人类合作装配产品零件的协作机器人。

图 1-28 协作机器人

（2）智能化。随着人工智能、机器学习等先进技术的发展和应用，工业机器人可以更好地理解和感知周围环境，并且能够自主做出决策和反应，智能化的工业机器人具有更高的生产力和运营效率。工业机器人与深度学习技术相结合，可极大地提高工业机器人的智能化，使工业机器人完成更高精度、更高效率的任务，降低发生事故的可能性，实现人机共融、相互协作完成作业任务。图 1-29 所示为自主决策的智能搬运机器人。

图 1-29 智能搬运机器人

（3）多机器人协作。工业机器人能够完成的任务正朝着复杂化、精密化发展，这也加大了工业机器人完成作业的难度。因此，多机器人协助作业成为工业机器人的研究热点之一。多机器人协助作业需要解决机器人的通信、决策问题，否则会降低作业完成度及作业效率，甚至会引起严重的生产事故。多机器人协作如图 1-30 所示。

（4）模块可重构。目前，工业机器人只能满足单一作业或高度重复性的不同作业要求。当作业要求或作业环境发生改变时，工业机器人往往不能快速满足新需求。因此，模块化、可重构的工业机器人技术成为研究热点之一。模块化、可重构的工业机器人技术，就是将

图 1-30　多机器人协作

工业机器人进行系统集成时，通过不同模块之间的组合，快速构建出不同能力的工业机器人，以完成不同要求、不同环境的作业任务，满足高效率、高品质的任务需求。模块可重构工业机器人如图 1-31 所示。

图 1-31　模块可重构工业机器人

（5）多传感器融合。面对非结构化的工作环境或多种需求的任务时，依靠单一传感器工作的工业机器人不能快速、有效地完成任务作业。因此，基于多传感器融合的工业机器人技术越来越受欢迎。目前，多传感器融合技术需要解决多传感器的通信、数据传送等诸多问题，以保证工业机器人在实际应用中的高可靠性、高稳定性及高效率。

（6）软体机器人。目前，工业机器人的工作环境大多较为单一，但随着技术的发展及任务的拓展，其应用场景也会发生改变。因此，工业机器人与软体相结合现已成为一大研究热点。工业机器人结合软体技术，可扩大其应用范围，提高作业效率。软体机器人如图 1-32 所示。

图 1-32 软体机器人

任务实施

(1) 对照实际基础教学工作站中的工业机器人,结合相关理论知识,自主辨别出工业机器人的各个组成部分,并简要描述出各组成部分的作用。

(2) 列举出在生活中遇到的一些工业机器人相关应用。

任务评价

具体评价标准与要求如表 1-1 所示。

表 1-1 评价标准与要求

评分项目	考核内容及要求	分值	评分细则	自评分	互评分	师评分
理论知识	工业机器人的定义	10	能够简述工业机器人的定义			
	工业机器人的组成部分	10	能够描述工业机器人主要的组成部分			
	工业机器人的分类	10	能够熟悉工业机器人的分类			
	工业机器人的控制方式	10	能够描述工业机器人的控制方式			
	工业机器人的应用场合	10	能够熟悉工业机器人的主要应用场合			
实操技能	认识实际工业机器人的各组成部分及其作用	30	能够认识实际工业机器人的各组成部分及其作用			
素养目标	培养严谨、细致的工作作风	10	具有严谨、细致的工作作风			
	增强自主创新意识	10	具有自主创新意识			
任务总结	(包括理论知识、实操技能、素养目标)					
总评分						

任务 1.2　ABB 机器人实操工作站介绍

任务描述

近年来，工业机器人市场发展迅速，同时工业机器人应用领域也在不断拓展和加深。在全球知名的工业机器人制造公司中，瑞士的 ABB、德国的库卡、日本的发那科和安川电机称为工业机器人的"四大家族"。本课程操作性很强，要想学好，光看书纸上谈兵肯定是不行的，需要不断地使用工业机器人工作站去实践。本书相关知识的讲解以 ABB 机器人实操工作站为平台展开，本任务主要介绍 ABB 机器人实操工作站的相关知识。

1. 知识目标

（1）掌握 ABB 机器人基础教学工作站的组成。
（2）掌握 ABB 机器人基础教学工作站开启与关闭的方法与程序。

2. 技能目标

（1）根据任务需求熟练使用工作站的各项模块。
（2）能够正确操作工作站的开启与关闭。

3. 素养目标

（1）培养学生理论联系实际的动手能力。
（2）培养学生安全、规范操作的意识。

ABB 机器人基础教学工作站的组成

相关知识

1.2.1　ABB 机器人基础教学工作站的组成

本书以 ABB 机器人基础教学工作站（见图 1-33）为平台展开讲解，本节对该基础教学工作站进行介绍。该基础教学工作站主要包含机器人系统、机器人底座、3D 轨迹板、流水线工作台、刀具库、操作面板、空气压缩机、配电箱、安全防护栏、触摸屏等。

各组成模块的介绍如下。

（1）机器人系统包含本体、控制器和示教器，如图 1-34 所示。
（2）3D 轨迹板如图 1-35 所示。

外轮廓轨迹：用于简单轨迹编程和精确定位或逼近运动指令的练习。
涂胶轨迹：用于涂胶工艺的练习。
圆形轨迹：用于圆弧运动指令的练习。
三角形轨迹：用于直线运动指令的练习。
轨迹偏移：用于在指定工件坐标系下轨迹偏移的应用练习。
搬运位置：配合 I/O 控制指令，用于搬运应用的练习。
蓝色坐标系：用于工件坐标系设定的练习。

图1-33　ABB机器人基础教学工作站

图1-34　机器人系统

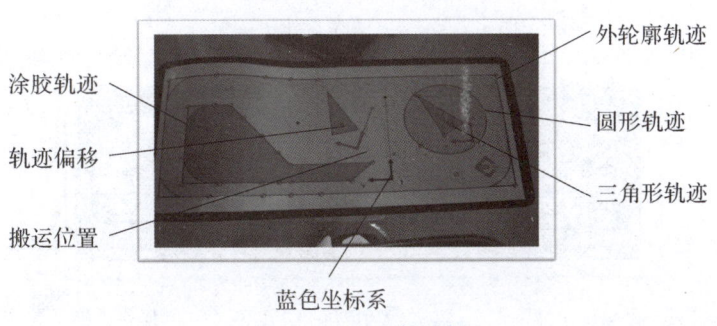

图1-35　3D轨迹板

(3)流水线工作台如图1-36所示。

图1-36 流水线工作台

原料区域：物料块原料堆放区域。
输送单元：由料井和输送带组成，将物料从放入口传送到加工区域。
冲压过程区域：完成对原料的冲压加工。
质量检测区域：冲压完成后经过检测区域，模拟质量检测。
成品区域：加工完成后的成品堆放在此区域。

(4)刀具库如图1-37所示。

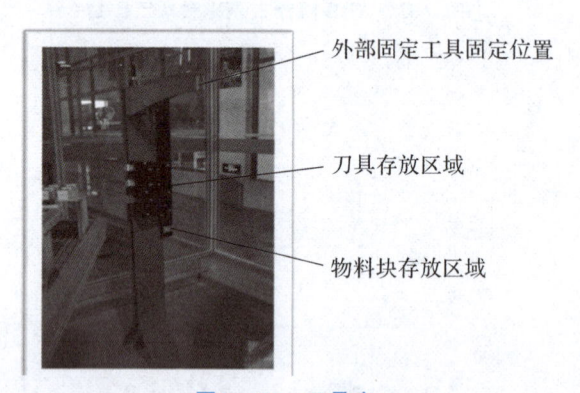

图1-37 刀具库

刀具存放区域：放置有3支涂胶笔。
物料块存放区域：内含多块物料（至少6块）。
外部固定工具固定位置：用于涂胶轨迹和焊接轨迹。

(5)操作面板如图1-38所示。

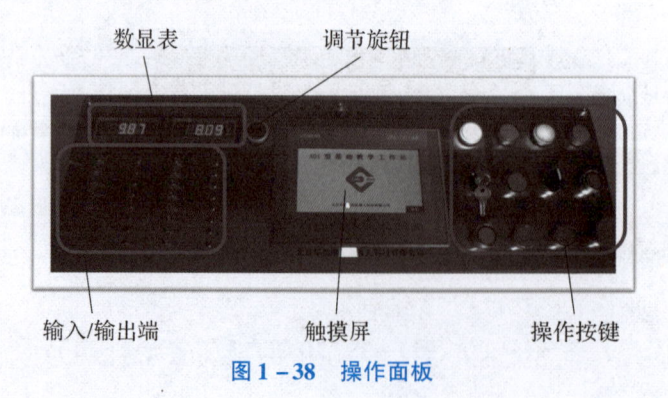

图1-38 操作面板

（6）空气压缩机如图 1-39 所示。空气压缩机参数如表 1-2 所示。

图 1-39 空气压缩机

表 1-2 空气压缩机参数

型号	输入功率/kW	转速/(r·min^{-1})	额定流量/(L·min^{-1})	最大压力/bar*	容积/L	净质量/kg
HM600D0-10B9	0.65	1 380	43	7	9	21

空气压缩机使用高速电机，具有全封闭、防尘等先进结构，不需要添加润滑油，是代替传统直联有油机的理想选择。它具有结构紧凑、体积小、噪声小、质量小、能效高、振动小、长寿命、易维护等特点，可广泛应用于喷漆喷涂、装修、清洁、健身、美容、轮胎充气、呼吸器、实验室、化工、食品、潜水等领域。

（7）配电箱如图 1-40 所示。

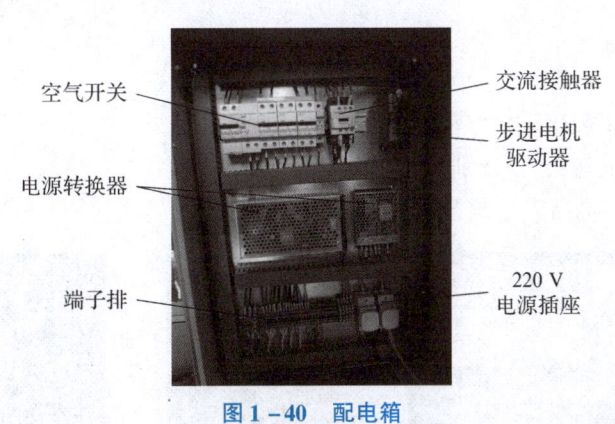

图 1-40 配电箱

---

* 1 bar = 100 kPa。

（8）安全防护栏如图1-41所示。

安全防护栏起防护作用，工作站正常运行时，所有人员均须站在防护栏外。安全防护栏上还带有门禁开关和三色报警灯，当工业机器人处于手动模式时，三色报警灯的黄灯会出现闪烁，示意操作人员应注意安全；当工业机器人处于自动模式时，三色报警灯的绿灯会出现闪烁，示意系统运行正常；在自动模式下，当检测到有人进入工作站时，机器人会紧急停止，同时三色报警灯的红灯会出现闪烁并且报警器报警，以保护操作人员的人身安全。

（9）触摸屏如图1-42所示。

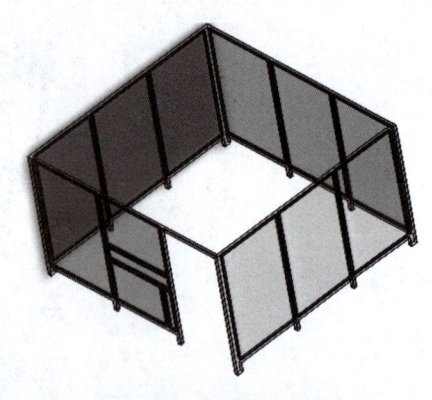

图1-41 安全防护栏

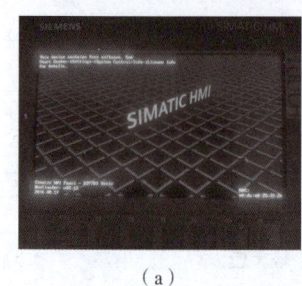

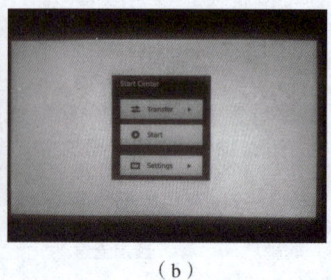

(a) (b) (c)

图1-42 触摸屏
(a) 欢迎界面；(b) 登录界面；(c) 初始界面

触摸屏采用的是SIEMENS KTP700 BASIC DP型二代精简面板，用于对生产线工作台的监控。单击Starting按钮后，进入如图1-42所示的窗口，此窗口采用动态图来显示流水线工作台的整体布局。通过传感器信号工作与否，来判断流水线的流程步骤。

1.2.2 ABB机器人基础教学工作站的操作

任务实施

工作站的开启和关闭操作如下。

工作站设备的电源控制分别为配电箱空气开关（图1-43（a））、钥匙旋钮开关（图1-43（b））和机器人电源开关（图1-43（c））。

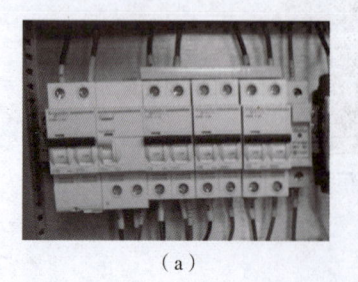

(a) (b) (c)

图1-43 工作站的开关

（1）工作站的开启方法如下。

打开配电箱，如图1-43（a）所示，空气开关从左向右分别控制工作站总电源、机器人系统电源、电源转换器电源和插座电源。

工作站的开启方法：首先将配电箱中的空气开关从左至右依次打开，然后顺时针旋转启动电源的钥匙旋钮开关（见图1-43（b）），工作站通电，最后将机器人电源开关（见图1-43（c））从OFF挡位旋到ON挡位。

（2）工作站的关闭方法如下。

首先单击ABB主菜单按钮，选择"重新启动"→"高级重启"选项，在"高级重启"选项组中选择"关闭主计算机"选项，关闭机器人系统，如图1-44（a）所示；然后将机器人电源开关从ON挡位逆时针旋到OFF挡位，如图1-44（b）所示。

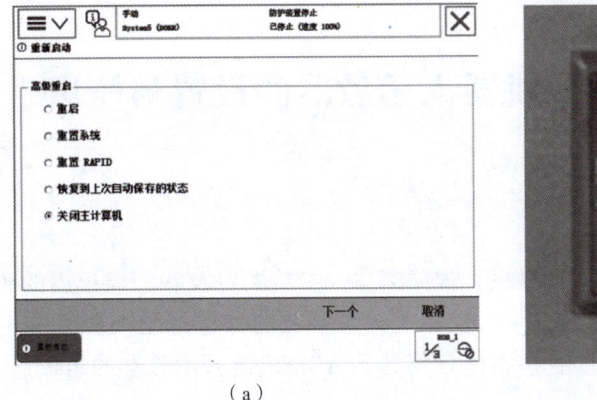

（a）　　　　　　　　　　　　　（b）

图1-44　工作站的关闭方法

任务评价

具体评价标准与要求如表1-3所示。

表1-3　评价标准与要求

评分项目	考核内容及要求	分值	评分细则	自评分	互评分	师评分
理论知识	工业机器人工作站的组成部分	10	能够描述工业机器人工作站的组成部分			
	工业机器人工作站的组成部分的作用	10	能够描述工业机器人工作站各组成部分的作用			
	工业机器人工作站各按键、开关的作用	10	能够熟悉工业机器人工作站各按键、开关的作用			
实操技能	工业机器人工作站的安全急停操作	20	熟悉工业机器人工作站的安全急停操作			
	工业机器人工作站的启停操作	30	熟悉工业机器人工作站的启停操作			

续表

评分项目	考核内容及要求	分值	评分细则	自评分	互评分	师评分
素养目标	牢固树立安全生产意识	10	具有安全生产意识			
	牢固树立劳动意识	10	具有劳动意识			
任务总结	(包括理论知识、实操技能、素养目标)					
总评分						

任务1.3　ABB 机器人示教器的设置与使用

任务描述

示教器是对工业机器人进行手动操纵、程序编写、参数配置及状态监控用的手持装置，也是最常打交道的机器人控制装置。在示教器上，大多数的操作都是在触摸屏上完成的，同时也保留了必要的按键和操作装置。本任务将熟悉 ABB 机器人示教器的组成、设置和基本使用方法。

1. 知识目标

（1）了解示教器的组成及各窗口的主要功能。
（2）掌握示教器的语言设置。
（3）掌握示教器使能按键的作用。
（4）了解事件日志的功能。

2. 技能目标

（1）能够根据任务要求切换示教器的语言。
（2）能够掌握以正确姿势使用示教器使能按键。
（3）会正确查看事件日志。

3. 素养目标

（1）培养学生自主学习能力和理论联系实际的动手能力。
（2）提升学生安全规范操作的意识。

相关知识

1.3.1　示教器的组成

ABB 机器人示教器 FlexPendant 设备（又称 TPU 或教导器单元）由硬件和软件组成，

其本身就是一个完整的计算机。示教器用于处理与机器人系统操作相关的许多功能，如运行程序、微动控制操作器、修改机器人程序等，主要由触摸屏和操作按键组成。示教再现式机器人的所有操作均可通过示教器上的触摸屏来完成，所以掌握各个按键的功能和操作方法是使用示教器操作工业机器人的前提。

示教器由示教器电缆、触摸屏、急停按键、操纵杆、数据备份用 USB 接口、使能按键、触控笔、复位按键组成，如图 1-45 所示。

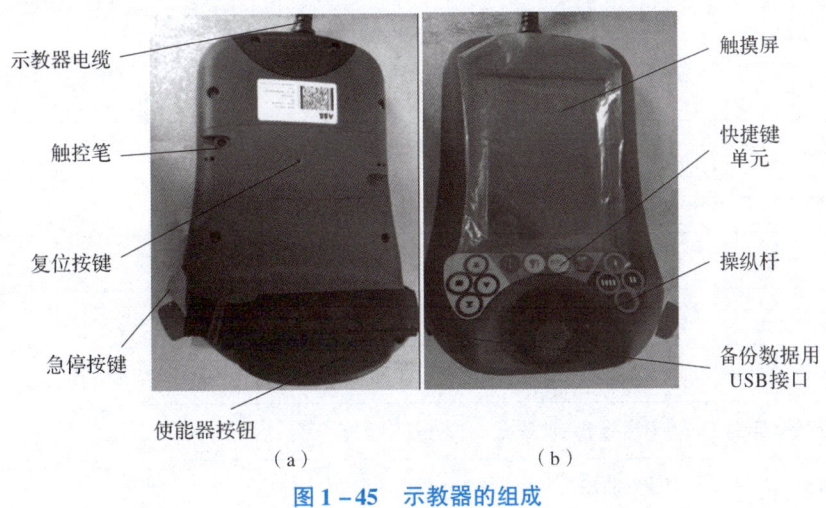

图 1-45 示教器的组成
(a) 背面；(b) 正面

1.3.2 示教器的操作窗口

ABB 机器人示教器的操作窗口包含了机器人参数设置、机器人编程及系统相关设置等功能，如图 1-46 所示。操作窗口中比较常用的选项包括"输入输出""手动操纵""程序编辑器""程序数据""校准"和"控制面板"，各选项说明如表 1-4 所示。

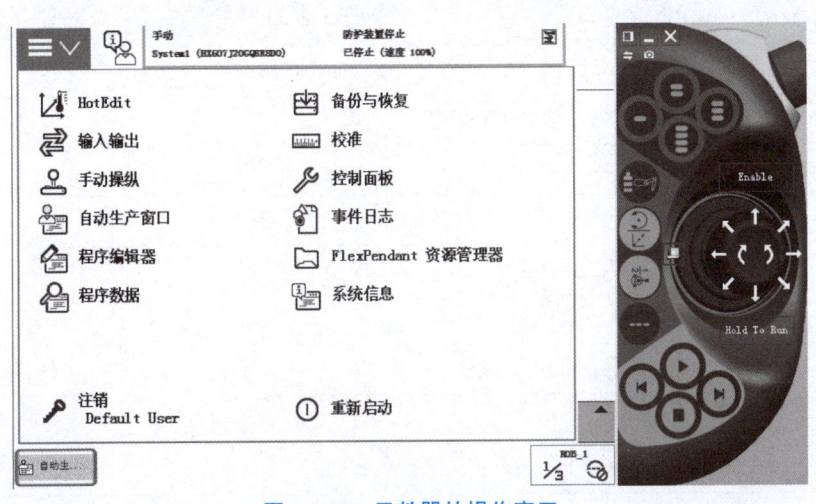

图 1-46 示教器的操作窗口

表 1-4 操作窗口选项说明

选项名称	说明
HotEdit	程序模块下轨迹点位置的补偿设置窗口
输入输出	设置及查看 I/O 视图窗口
手动操纵	动作模式设置、坐标系选择、操纵杆锁定及载荷属性的更改窗口，也可以显示实际位置
自动生产窗口	在自动模式下，可直接调试程序并运行
程序编辑器	建立程序模块及例行程序的窗口
程序数据	选择编程时所需程序数据的窗口
备份与恢复	可备份和恢复系统的窗口
校准	进行转数计数器和电机校准的窗口
控制面板	进行示教器相关设定的窗口
事件日志	查看系统出现的各种提示信息的窗口
FlexPendant 资源管理器	查看当前系统的系统文件的窗口
系统信息	查看控制器及当前系统相关信息的窗口

1.3.3 示教器的控制面板

ABB 机器人的控制面板包含了对工业机器人和示教器进行设定的相关功能，控制面板各选项说明如表 1-5 所示。

表 1-5 控制面板各选项说明

选项名称	说明
外观	可自定义触摸屏的亮度和设置左手或右手的操作习惯
监控	动作碰撞监控设置和执行设置
FlexPendant	示教器操作特性的设置
I/O	配置常用 I/O 列表，并在"输入输出"窗口显示
语言	控制器当前语言的设置
ProgKeys	为指定 I/O 信号配置快捷键
日期和时间	控制器的日期和时间设置
诊断	创建诊断文件
配置	系统参数设置
触摸屏	触摸屏重新校准

1.3.4 示教器按键介绍

示教器按键如图 1-47 所示。示教器按键功能说明如表 1-6 所示。

预设按键
机械单元选择按键
线性运动/重定位运动切换按键
动作模式切换按键
增量开关按键
步退执行按键
STOP（停止）按键
START（启动）按键
步进执行按键

示教器的使用

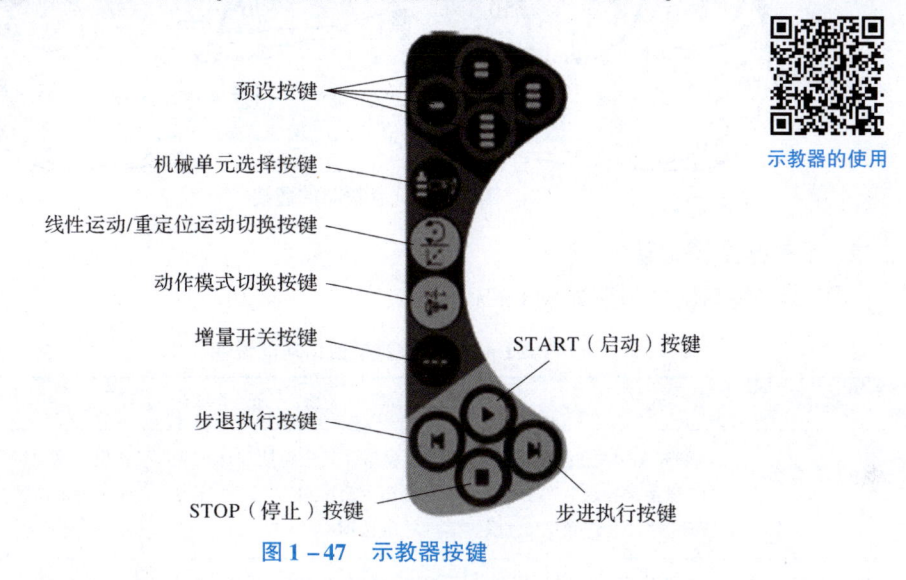

图 1-47　示教器按键

表 1-6　示教器按键功能说明

按键名称	功能
预设按键	预设按键是 FlexPendant 设备上的 4 个硬件按键，用户可根据需要对其设置特定功能；对这些按键进行编程后可简化程序编程或测试；它们也可用于启动 FlexPendant 设备上的菜单
机械单元选择按键	机器人轴/外轴的切换
线性运动/重定位运动切换按键	线性运动/重定位运动的切换
动作模式切换按键	关节轴 1~3/4~6 的切换
增量开关按键	根据需要选择对应位移及角度的大小
步退执行按键	使程序后退至上一条指令
START（启动）按键	开始执行程序
步进执行按键	使程序前进至下一条指令
STOP（停止）按键	停止程序执行

任务实施

1. 示教器的使用

操作示教器时，通常会手持该设备。右手便利者通常使用左手持设备，右手在触摸屏上操作；左手便利者可以轻松通过将示教器旋转 180°，使用右手持设备。示教器的握姿如图 1-48 所示。

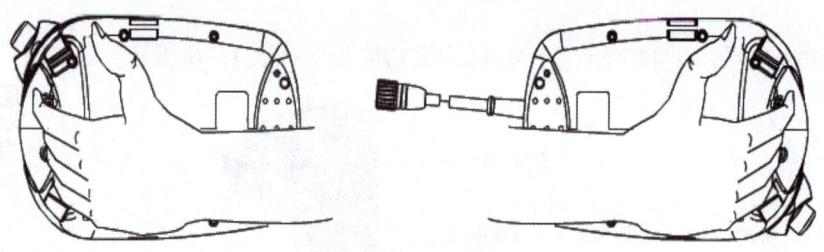

图 1-48　示教器的握姿

2. 示教器主窗口认知

示教器主窗口功能说明如表 1-7 所示。

表 1-7　示教器主窗口功能说明

名称	功　　能
ABB 主菜单按钮	单击 ABB 主菜单按钮可进入操作窗口，其中包括"HotEdit""备份与恢复""输入输出""校准""手动操纵""控制面板""自动生产窗口""事件日志""程序编辑器""FlexPendant 资源管理器""程序数据""系统信息"等选项
操作员窗口	当程序需要操作人员做出某种响应以便继续时，操作员窗口会显示来自机器人程序的消息
状态栏	状态栏显示与系统状态有关的重要信息，如操作模式、电机开启/关闭、程序状态等
任务栏	通过 ABB 菜单，可以打开多个视图，但一次只能操作一个。任务栏显示所有打开的视图，并可用于视图切换
快速设置菜单	快速设置菜单包含对微动控制和程序执行的设置

3. 使能按键

使能按键是为保证操作人员人身安全而设置的，操作人员应用左手 4 个手指进行操作，如图 1-49 所示。使能按键分两挡，在手动状态下，按第一挡，工业机器人将处于电机开启状态，如图 1-50 所示。

图 1-49　使能按键

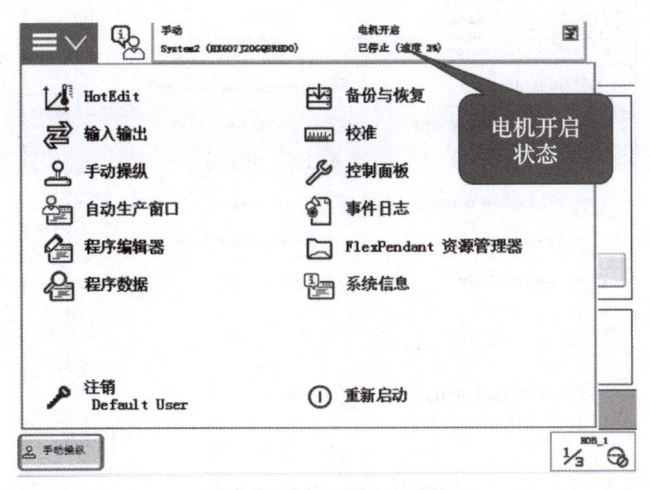

图 1-50　电机开启状态

按下第二挡，工业机器人处于电机防护装置停止状态，如图 1-51 所示。

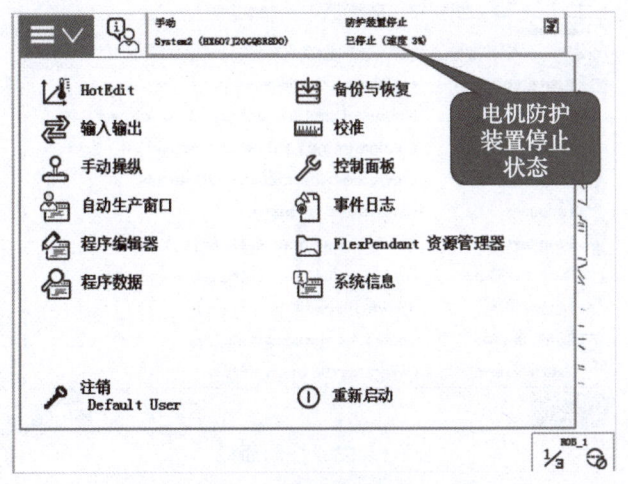

图 1-51　电机防护装置停止状态

注意：使能按键是为保证操作人员人身安全而设置的，只有在按下使能按键，并保证在"电机开启"的状态，才能对工业机器人进行手动操作与程序调试。当发生危险时，操作人员会本能地将使能按键松开或按下，工业机器人则会马上停止，保证安全。

4. 设定示教器的显示语言

示教器出厂时，默认显示的语言是英语，为了方便操作，本书中把显示语言设定为中文，操作步骤如下。

第一步：在主窗口中，单击 ABB 主菜单按钮进入操作窗口，如图 1-52 所示。

第二步：选择"Control Panel"选项，如图 1-53 所示。

第三步：选择"Language"选项，在 Installed Languages 选项组中选择"Chinese"选项，如图 1-54 所示。

第四步：系统弹出"Restart FlexPendant"对话框，单击"OK"按钮，系统提示重新启动，如图 1-55 所示。

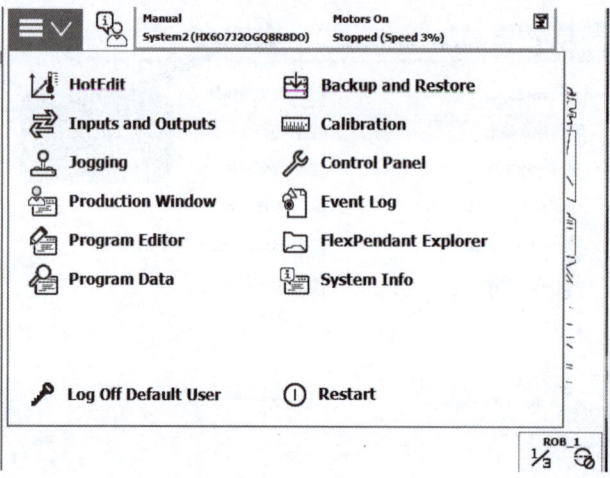

图 1-52　操作窗口

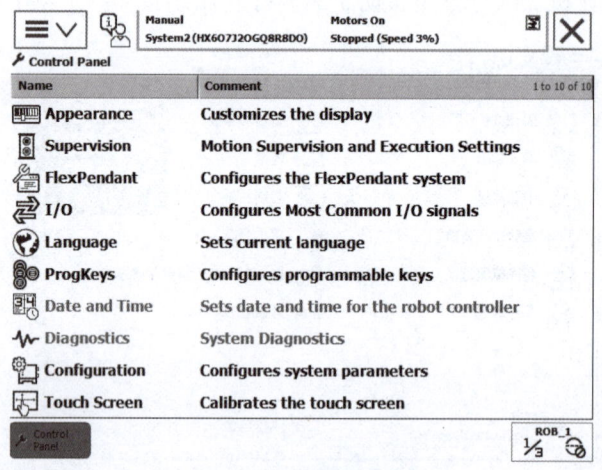

图 1-53　控制面板

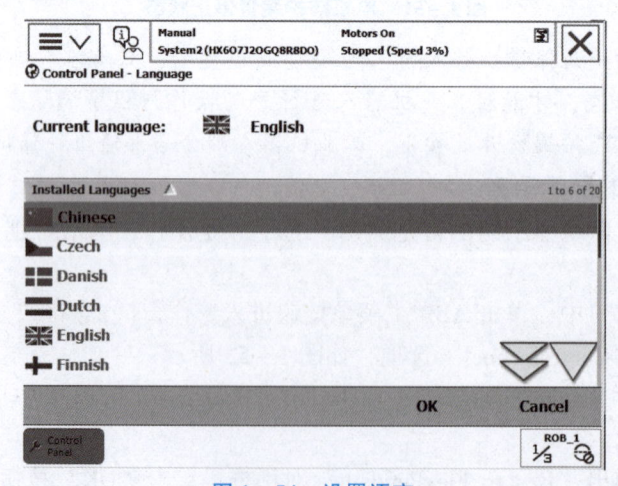

图 1-54　设置语言

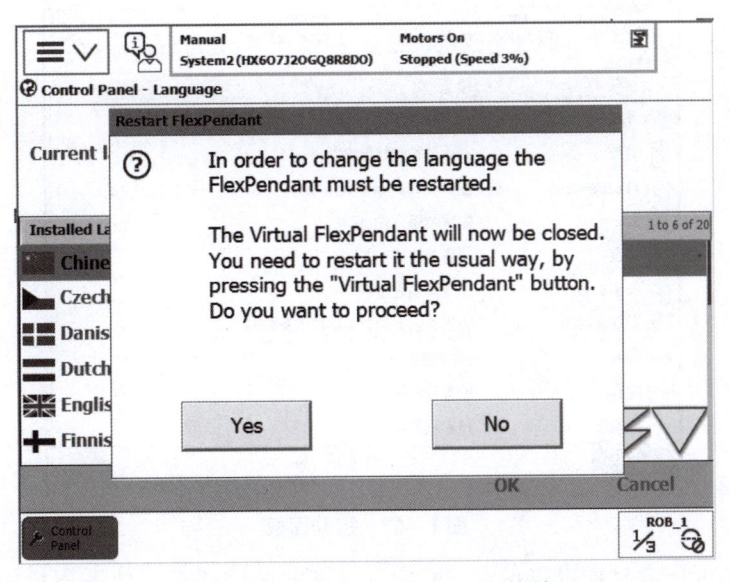

图 1-55　Restart FlexPendant 对话框

第五步：单击"Yes"按钮，待重新启动后，系统自动切换到中文模式。

5. 设定示教器的时间

为了方便进行文件管理和故障的查阅与管理，在进行工业机器人操作之前要将机器人系统的时间设定为本地区的时间，具体操作步骤如下。

第一步：在主窗口中，单击 ABB 主菜单按钮进入操作窗口，如图 1-56 所示。

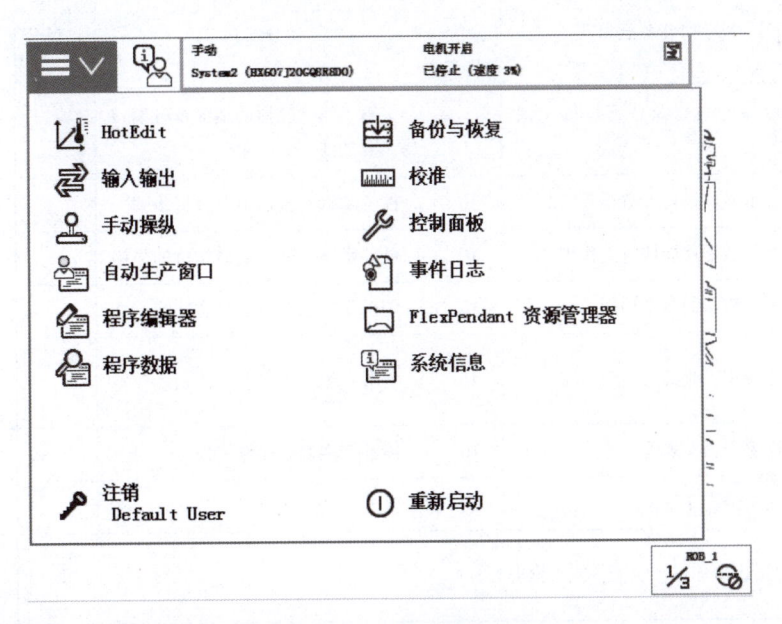

图 1-56　操作窗口

第二步：选择"控制面板"选项，在"控制面板"选项组中选择"日期和时间"选项，如图 1-57 所示。

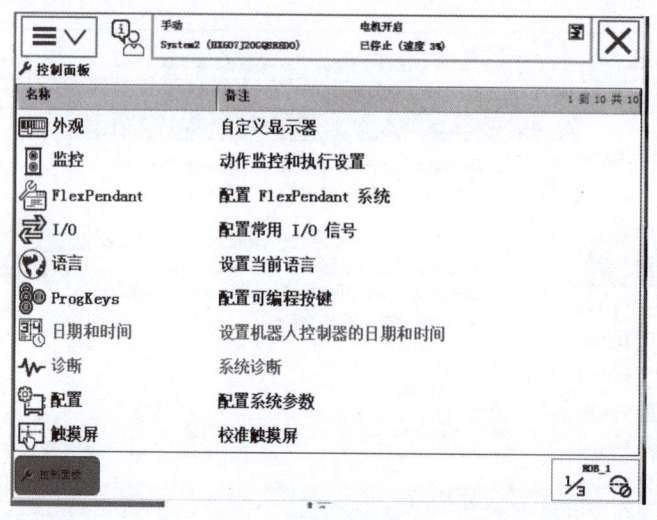

图 1-57 控制面板

第三步：对时间和日期进行设定，时间和日期修改完成后，单击"确定"按钮，完成工业机器人时间和日期的设定。

任务评价

具体评价标准与要求如表 1-8 所示。

表 1-8 评价标准与要求

评分项目	考核内容及要求	分值	评分细则	自评分	互评分	师评分
理论知识	示教器的组成及各窗口的主要功能	10	能够了解示教器的组成及各窗口的主要功能			
	掌握示教器语言设置步骤	10	能够掌握示教器语言设置步骤			
	掌握示教器使能按键的作用	10	能够掌握示教的使能按键的作用			
	掌握示教器的日志功能	10	能够掌握示教器的日志功能			
实操技能	熟练使用工业机器人示教器	40	能够熟练使用工业机器人示教器			
素养目标	严格遵守操作规程	10	能够严格遵守操作规程			
	树立安全责任意识	10	具有安全责任意识			
任务总结	（包括理论知识、实操技能、素养目标）					
总评分						

任务1.4　工业机器人系统备份与恢复

任务描述

定期对 ABB 机器人的数据进行备份是保证 ABB 机器人正常运行的良好习惯。ABB 机器人数据备份的对象是所有在系统内存中运行的 RAPID 程序和系统参数。当机器人系统出现错误或重新安装后，可以通过备份使工业机器人快速恢复到相应状态。

1. 知识目标
（1）了解 ABB 机器人系统备份与恢复的意义。
（2）掌握 ABB 机器人程序模块的保存与加载。
（3）掌握 ABB 机器人 EIO 文件的加载。

2. 技能目标
（1）掌握 ABB 机器人系统备份与恢复的方法。
（2）掌握将 ABB 机器人程序复制到另外一台工业机器人中的方法。
（3）掌握将 ABB 机器人 I/O 信号复制到另外一台工业机器人中的方法。

3. 素养目标
（3）培养学生自主学习能力和理论联系实际的动手能力。
（4）提升学生安全规范操作的意识。

相关知识

1.4.1　工业机器人系统备份

1. 系统备份包含的内容

（1）在系统中，所有存储在 Home 文件夹下的文件和子文件夹。
（2）系统参数（如 I/O 信号的命名）。
（3）使系统回到备份时状态的相关系统信息。
系统备份的内容如表 1-9 所示。

表 1-9　系统备份的内容

文件夹	描述
Backinfo	包含从媒体库中重新创建系统软件和选项所需的信息
Home	包含系统主目录内容的拷贝
Rapid	包含为系统程序存储器中每个任务创建的子文件夹，每个任务子文件夹包含单独的程序模块文件夹和系统模块文件夹
SYSPAR	包含系统配置文件

2. 系统备份的注意事项

在进行系统备份时要了解如下几点。

（1）进行系统备份的原因。

①如果系统出现不正常现象，则可通过备份中的相关系统信息，使系统回到备份时的状态。

②编程点位丢失。

③软件升级或被替换。

（2）进行系统备份的时机。

①在对指令或参数做任何重要的修改之前。

②在对指令或参数做了任何修改并测试成功之后，用于保存新设置。

（3）系统备份的相关安全因素。

（4）系统备份的方法。

1.4.2 工业机器人系统恢复

可在以下情况进行系统恢复。

（1）怀疑程序文件损坏。

（2）对指令和/或参数做了任何不成功的修改，需要恢复以前的设置。

（3）在系统恢复过程中，所有的系统参数被替换，并且所有备份目录下的模块被重新加载。

（4）Home 文件夹在热启动过程中被复制回新的系统 Home 文件夹。

任务实施

1. 系统备份与恢复的操作

（1）单击 ABB 主菜单按钮，然后选择"备份与恢复"选项，如图 1-58 所示。

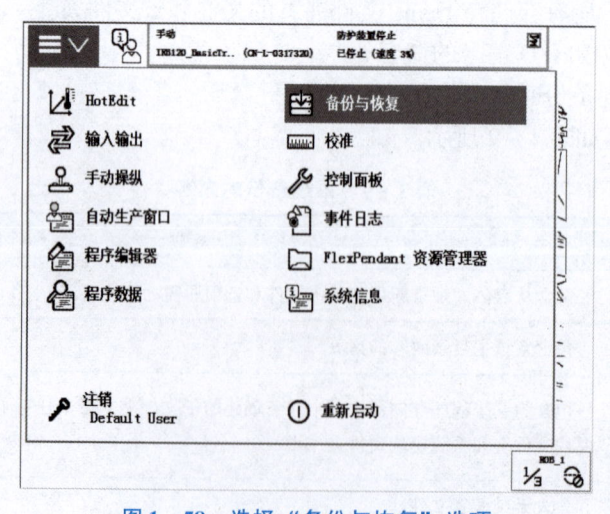

图 1-58 选择"备份与恢复"选项

(2) 选择"备份当前系统"选项，如图 1-59 所示。

图 1-59　选择"备份当前系统"选项

(3) 单击 ABC 按钮，设置存放备份数据的文件夹名称，如图 1-60 所示。

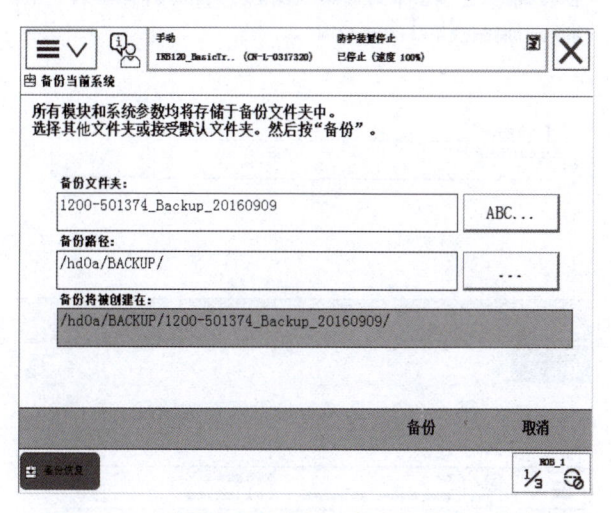

图 1-60　设置备份数据的文件夹名称及存放路径

(4) 单击"…"按钮，设置备份数据存放路径（机器人硬盘或 USB 存储设备），如图 1-60 所示。

(5) 单击"备份"按钮，进行备份操作，如图 1-60 所示。

(6) 等待备份完成。

(7) 备份完成后，进行工业机器人系统恢复。在"备份与恢复"窗口，选择"恢复系统"选项，如图 1-61 所示。

(8) 单击"…"按钮，选择备份数据存放的目录，如图 1-62 所示。

(9) 单击"恢复"按钮，如图 1-62 所示。

(10) 系统弹出"恢复"对话框，单击"是"按钮，如图 1-63 所示。

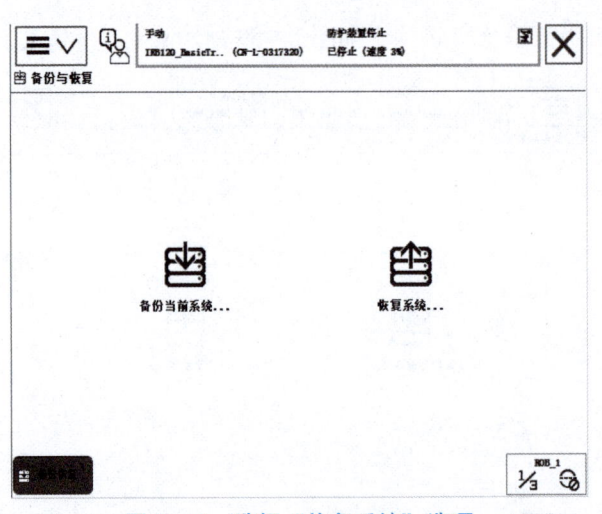

图 1-61 选择"恢复系统"选项

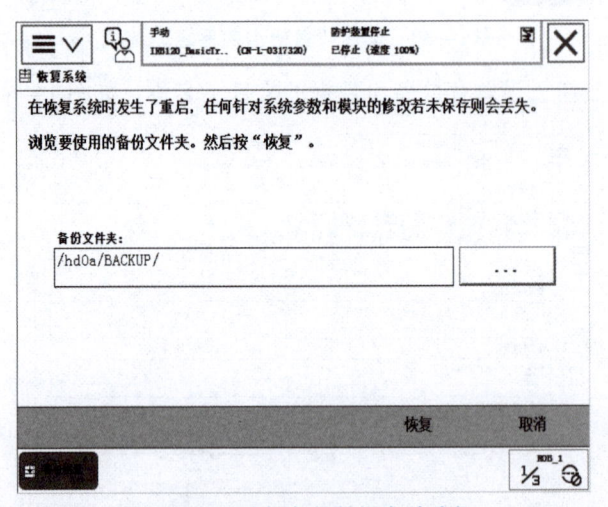

图 1-62 选择备份数据存放路径

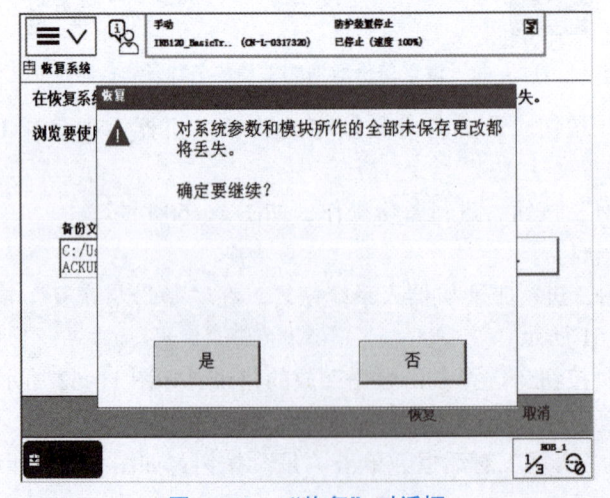

图 1-63 "恢复"对话框

注意：备份数据具有唯一性，不能将一台工业机器人的备份恢复到另一台机器人中去，否则会造成系统故障。但是，也常会建立通用的程序和 I/O 信号定义，方便批量生产时使用，这时可以通过分别导入程序和 EIO 文件来满足实际需要。

2. 导入程序

（1）单击 ABB 主菜单按钮，然后选择"程序编辑器"选项，如图 1-64 所示。

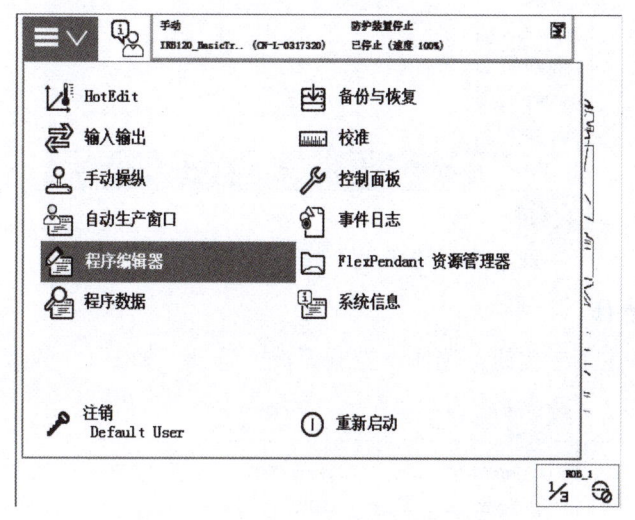

图 1-64 选择"程序编辑器"选项

（2）单击"模块"标签，如图 1-65 所示。

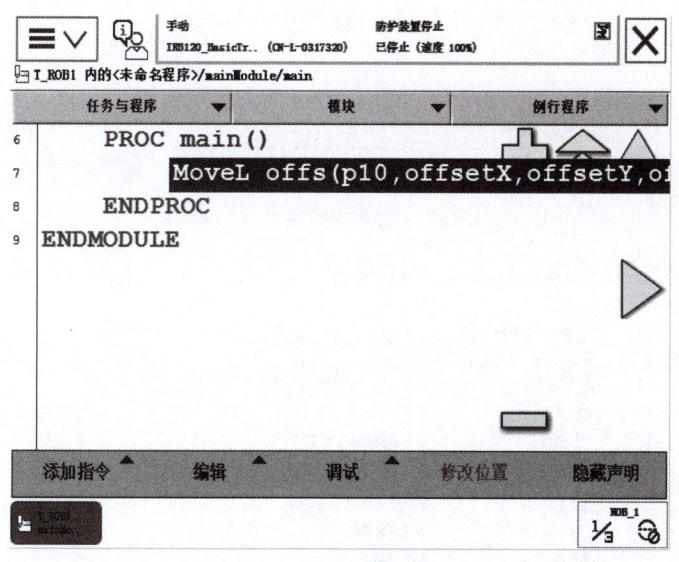

图 1-65 单击"模块"标签

（3）选择"文件"→"加载模块"选项，然后从"备份目录/RAPID"路径下加载所需要的程序模块，如图 1-66 所示。

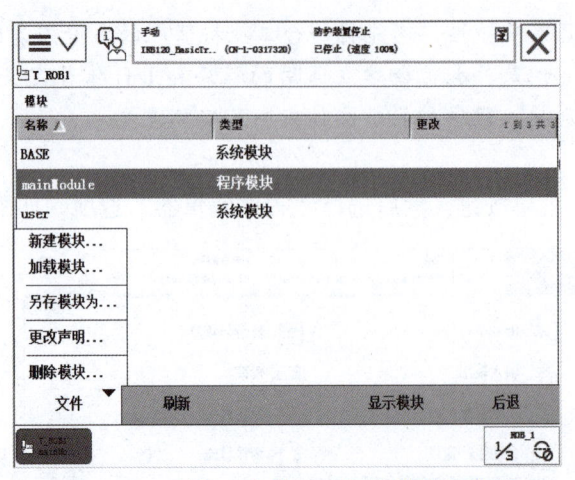

图 1-66　选择 "文件"→"加载模块" 选项

4. 导入 EIO 文件

(1) 单击 ABB 主菜单按钮，选择 "控制面板" 选项，如图 1-67 所示。

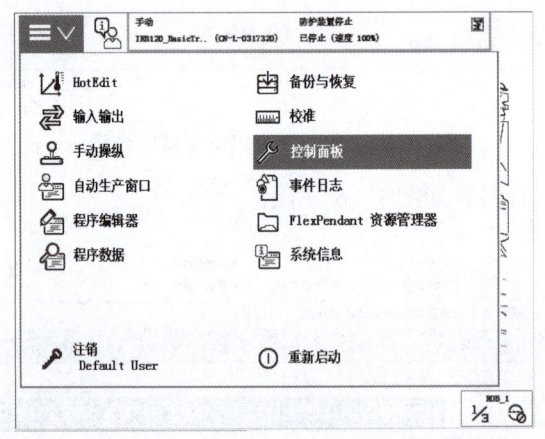

图 1-67　选择 "控制面板" 选项

(2) 选择 "配置" 选项，如图 1-68 所示。

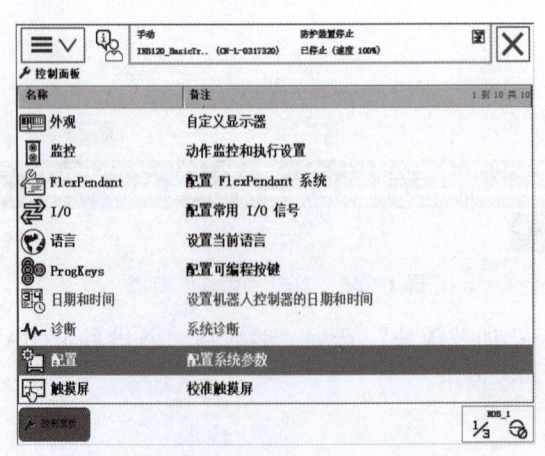

图 1-68　选择 "配置" 选项

（3）选择"文件"→"加载参数"选项，如图1-69所示。

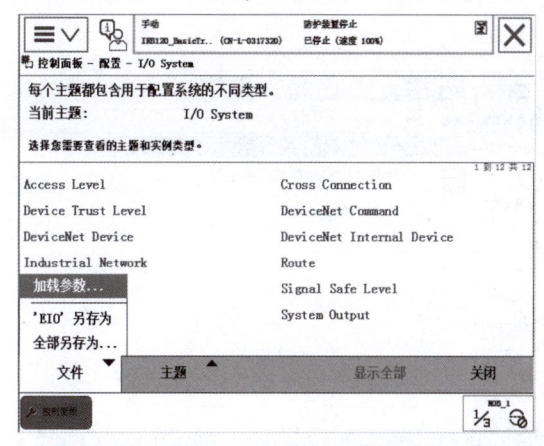

图1-69　选择"文件"→"加载参数"选项

（4）选择"删除现有参数后加载"，然后单击"加载"按钮，如图1-70所示。

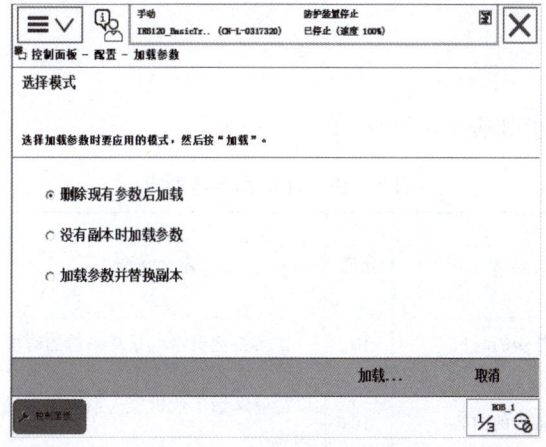

图1-70　单击"加载"按钮

（5）在图1-71所示路径下找到 EIO.cfg 文件，然后单击"确定"按钮。

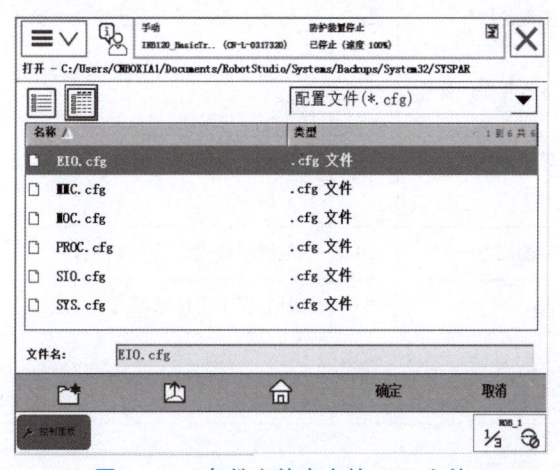

图1-71　备份文件夹中的 EIO 文件

(6)系统弹出"重新启动"对话框,单击"是"按钮,重启后完成导入,如图1-72所示。

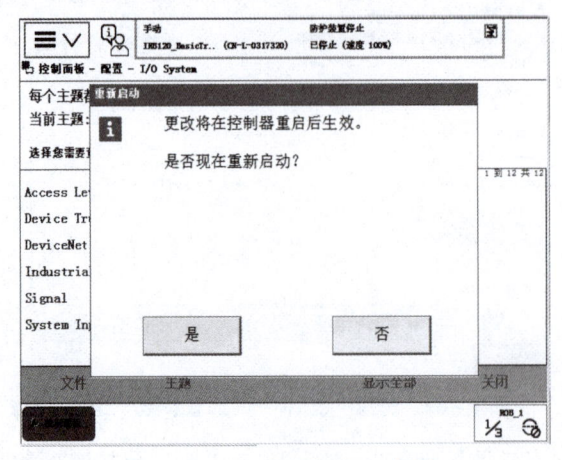

图1-72 "重新启动"对话框

任务评价

具体评价标准与要求如表1-10所示。

表1-10 评价标准与要求

评分项目	考核内容及要求	分值	评分细则	自评分	互评分	师评分
理论知识	工业机器人系统备份的时机	10	了解工业机器人系统备份的时机			
	工业机器人系统备份的内容	10	能够掌握工业机器人系统备份的内容			
实操技能	工业机器人系统备份的操作	20	熟悉工业机器人系统备份的操作			
	工业机器人系统恢复的操作	20	熟悉工业机器人系统恢复的操作			
	工业机器人单独导入程序的操作	10	熟悉工业机器人单独导入程序的操作			
	工业机器人单独导入EIO文件的操作	10	熟悉工业机器人单独导入EIO文件的操作			
素养目标	培养理论联系实际的能力	10	能够结合理论指导实际操作			
	树立安全责任意识	10	具有安全责任意识			
任务总结	(包括理论知识、实操技能、素养目标)					
总评分						

项目小结

本项目首先介绍了工业机器人系统的定义、组成、特点、分类、编程方式,以及发展趋势,接着简述了 ABB 机器人实操工作站的组成和操作,然后阐述了 ABB 机器人示教器的设置与使用,以及系统的备份与恢复操作。

(1)介绍了工业机器人的定义、组成、特点、分类和主要用途。
(2)介绍了工业机器人系统的控制方式和基本功能。
(3)介绍了工业机器人技术的发展趋势。
(5)介绍了机器人基础教学工作站的组成以及开启和关闭的方法与程序。
(6)讲解了示教器的组成及各窗口的主要功能。
(7)讲解了示教器的语言设置以及使能按键的作用。
(8)介绍了 ABB 机器人层序模块的保存与加载。
(9)介绍了 ABB 机器人 EIO 文件的加载。

项目 2

工业机器人搬运应用

项目介绍

在现代制造业中，工业机器人广泛应用在搬运作业上，以提高工业效率、准确性和安全性。工业机器人搬运技术是指利用工业机器人来完成各种物体的搬运、装卸、堆垛等动作，这种技术相比传统的人工搬运方式，具有高效、精确、可靠等优势，能够显著提高生产效率、减小劳动强度、降低人工成本。工业机器人搬运技术已经广泛应用于汽车、电子、机械、医疗、食品等多个领域。

工业机器人通过编程完成各种预期的任务，具备人工智能和适应性，能够自主调整工作方式和策略，提高工作效率和精度。同时可安装不同的末端执行器以完成各种不同形状和状态的工件搬运工作，极大地减轻了繁重的人工体力劳动。

在汽车行业，工业机器人用于将车身从一个装配线转移到另一个装配线，完成不同工序的组装。在电子设备制造行业，工业机器人通常用于搬运电子零件，从仓库中取出零件并将其送到装配线上，提高了生产效率和准确性。在物流仓储行业，工业机器人可以在仓库中搬运货物，实现快速高效的货物处理。此外，在食品加工行业、医药制造行业、金属加工行业和化工行业等领域，工业机器人也发挥着重要的搬运作用。因此，正确掌握工业机器人搬运所涉及的信号配置、单轴运动搬运、线性运动搬运及自动搬运的知识与技能显得尤为重要。

任务 2.1　工业机器人搬运夹具的信号配置

任务描述

完成 ABB 标准 I/O 板 DSQC 652 的信号配置以及不同端子接口的地址分配。

任务目标

1. 知识目标

（1）掌握 ABB 常用 I/O 板的主要组成及功能。

（2）掌握 ABB 标准 I/O 板 DSQC 652 的信号配置及工业机器人输入/输出信号配置。

2. 技能目标

在 ABB 主菜单中完成 I/O 板 DSQC 652 的信号配置操作。

3. 素养目标

培养学生理论知识学习能力与实践动手能力。

相关知识

2.1.1 ABB 机器人 I/O 通信的种类介绍

ABB 机器人提供了丰富的 I/O 通信接口，如 ABB 的标准通信、与 PLC 的现场总线通信及与 PC 的数据通信（见图 2-1），可以轻松地实现与周边设备的通信。

ABB 机器人 I/O 通信的种类介绍

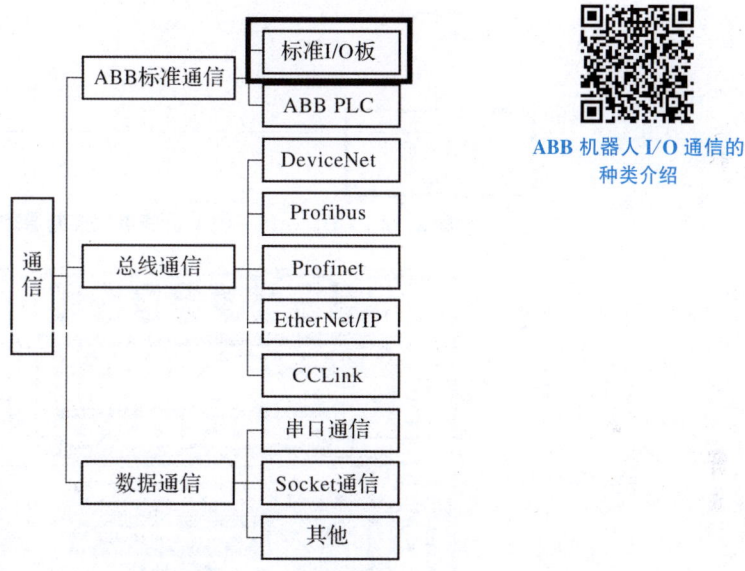

图 2-1 ABB 机器人 I/O 通信类型

ABB 标准 I/O 板提供的常用信号处理有数字量输入（digital input，DI）、数字量输出（digital output，DO）、模拟量输入（analog input，AI）、模拟量输出（analog output，AO）、组输入（group input，GI）、组输出（group output，GO）。在本书中，以最常用的 ABB 标准 I/O 板 DSQC 652 为例，对如何进行相关参数设定进行详细讲解。

根据 ABB 机器人基础教学工作站 CHL-JC-01A 设备电气控制原理图（见图 2-2），确定工具夹爪是由 DSQC 652 板 X15 中第 1 个信号控制。

2.1.2 ABB 标准 I/O 板 DSQC 652

ABB 标准 I/O 板 DSQC 652 端口的组成如图 2-3 所示，其实物图如图 2-4 所示，主要负责处理 16 个数字输入信号（XS12、XS13）和 16 个数字输出信号（XS14、XS15）。

端子定义及地址分配如下。

(1) X1 端子编号、名称与地址分配如表 2-1 所示。

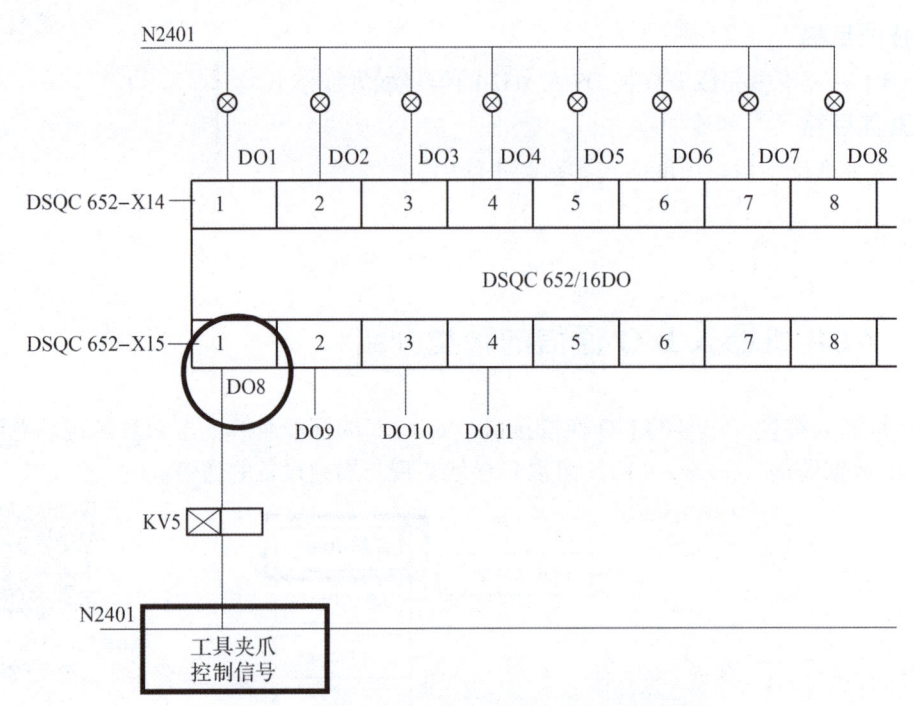

图 2-2　CHL-JC-01A 设备电气控制原理图

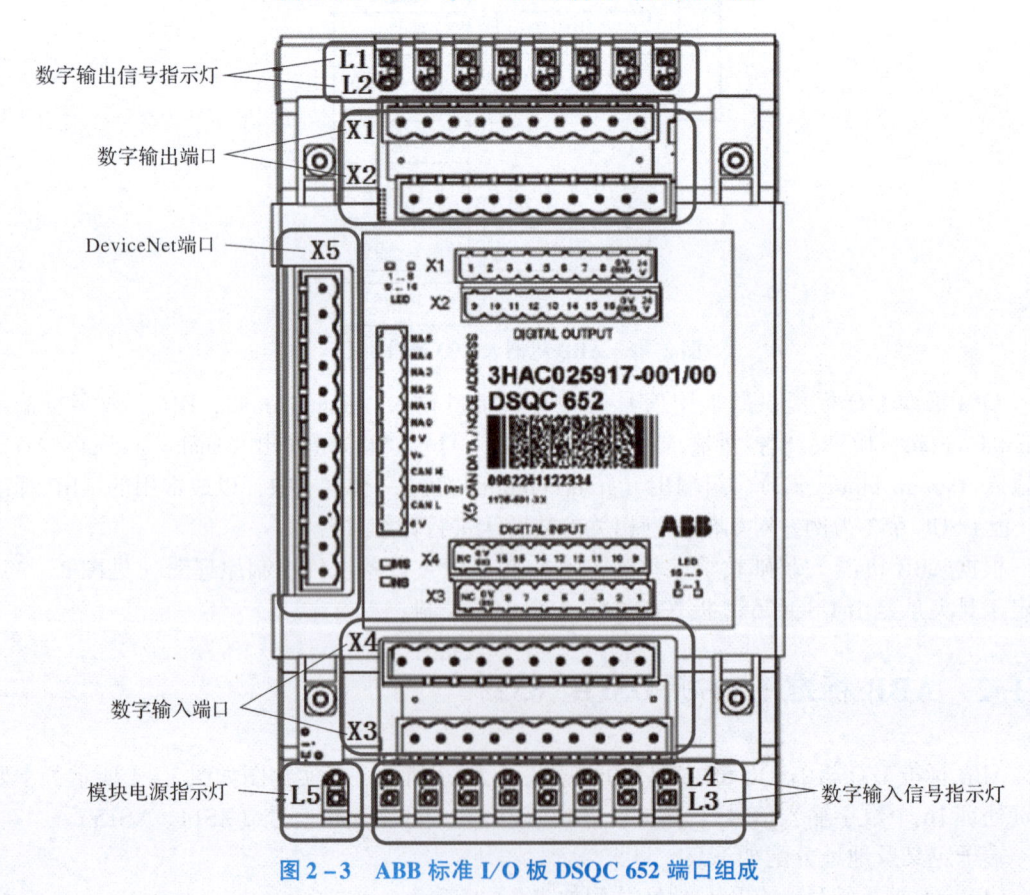

图 2-3　ABB 标准 I/O 板 DSQC 652 端口组成

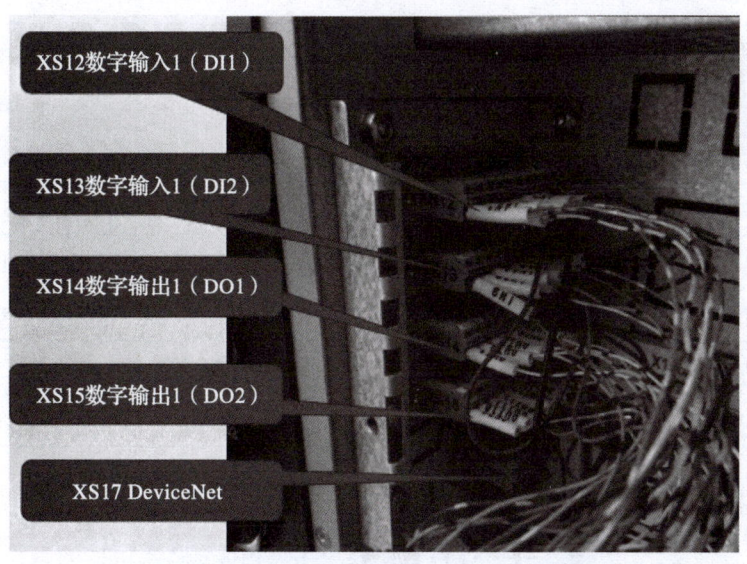

图 2-4　ABB 标准 I/O 板 DSQC 652 实物图

表 2-1　X1 端子编号、名称与地址分配

X1 端子编号	端子名称	地址分配
1	OUTPUT CH1	0
2	OUTPUT CH2	1
3	OUTPUT CH3	2
4	OUTPUT CH4	3
5	OUTPUT CH5	4
6	OUTPUT CH6	5
7	OUTPUT CH7	6
8	OUTPUT CH8	7
9	0 V	
10	24 V	

（2）X2 端子编号、名称与地址分配如表 2-2 所示。

表 2-2　X2 端子编号、名称与地址分配

X2 端子编号	端子名称	地址分配
1	OUTPUT CH9	8
2	OUTPUT CH10	9
3	OUTPUT CH11	10

续表

X2 端子编号	端子名称	地址分配
4	OUTPUT CH12	11
5	OUTPUT CH13	12
6	OUTPUT CH14	13
7	OUTPUT CH15	14
8	OUTPUT CH16	15
9	0 V	
10	24 V	

(3) X3 端子编号、名称与地址分配如表 2-3 所示。

表 2-3　X3 端子编号、名称与地址分配

X3 端子编号	端子名称	地址分配
1	INPUT CH1	0
2	INPUT CH2	1
3	INPUT CH3	2
4	INPUT CH4	3
5	INPUT CH5	4
6	INPUT CH6	5
7	INPUT CH7	6
8	INPUT CH8	7
9	0 V	
10	未使用	

(4) X4 端子编号、名称与地址分配如表 2-4 所示。

表 2-4　X4 端子编号、名称与地址分配

X4 端子编号	端子名称	地址分配
1	INPUT CH9	8
2	INPUT CH10	9
3	INPUT CH11	10
4	INPUT CH12	11

续表

X4 端子编号	端子名称	地址分配
5	INPUT CH13	12
6	INPUT CH14	13
7	INPUT CH15	14
8	INPUT CH16	15
9	0 V	
10	未使用	

（5）X5 端子编号与功能定义如表 2-5 所示。

表 2-5　X5 端子名称与地址分配

X5 端子编号	端子功能定义
1	0 V BLACK（黑色）
2	CAN 信号线 low BLUE（蓝色）
3	屏蔽线
4	CAN 信号线 high WHITE（白色）
5	24 V RED（红色）
6	GND 地址选择公共端
7	模块 ID bit 0（LSB）
8	模块 ID bit 1（LSB）
9	模块 ID bit 2（LSB）
10	模块 ID bit 3（LSB）
11	模块 ID bit 4（LSB）
12	模块 ID bit 5（LSB）

X5 端口是 DeviceNet 总线端口，其中 1~5 号端子用于和机器人控制器通信。6 号端子为地址选择公共端（0 V），与其短接的端子为低电平，图 2-5（a）所示的 7 号、9 号、11 号、12 号端子均与 6 号端子短接，均为低电平；若端子不需要与 6 号端子短接，则剪断引脚跳线，图 2-5（a）所示的 8 号和 10 号端子均为高电平。

· 7~12 号端子用跳线的方式来决定模块在总线中的地址，跳线一般采用短接片来实现，短接片如图 2-5（b）所示。7~12 号端子为拨码开关，分别对应 1、2、4、8、16、32，即

45

二进制 2^0、2^1、2^2、2^3、2^4、2^5。将任意两个短接片剪断，对应端子上的拨码开关值相加即为该 DeviceNet 地址，例如，若将 8 脚和 10 脚的短接片剪断，对应的拨码开关值分别为 2 和 8，则 DeviceNet 地址为 10（CHL-JC-01A 设备控制器将 8 号和 10 号端子短接片用电阻短接）。

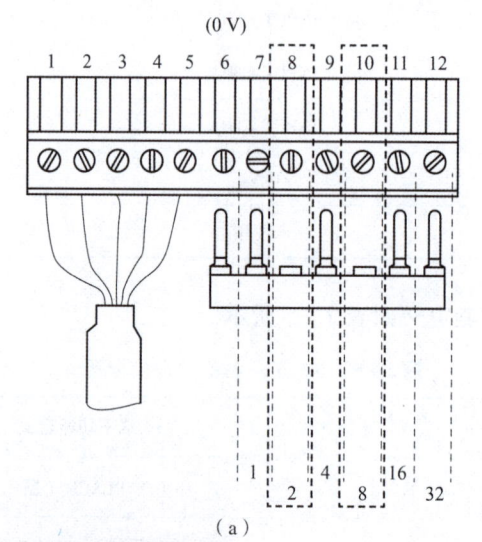

（a）

（b）

图 2-5 X5 DeviceNet 通信端子和短接片
（a）X5 DeviceNet 通信端子；（b）短接片

端子接线状态与地址计算对应关系如表 2-6 所示。

表 2-6 端子接线状态与地址计算对应关系

端子号	12	11	10	9	8	7
地址位权	2^5	2^4	2^3	2^2	2^1	2^0
	32	16	8	4	2	1
接线状态	√	√	×	√	×	√
电平	0	0	1	0	1	0

注：√代表与 6 号端子短接，其电平为低电平 0，×代表不与 6 号端子短接，其电平为高电平 1。

任务实施

2.1.3 工业机器人 I/O 信号配置步骤

ABB 标准 I/O 板都是挂在 DeviceNet 现场总线下的设备，通过 XS17 端口与 DeviceNet 现场总线进行通信。所以，在配置 ABB 机器人输入/输出信号时，应先配置 DSQC 652 板的总线，然后在此基础上添加输入/输出信号。

1. DSQC 652 板的总线配置

（1）单击 ABB 主菜单按钮，选择"控制面板"选项，如图 2-6 所示。

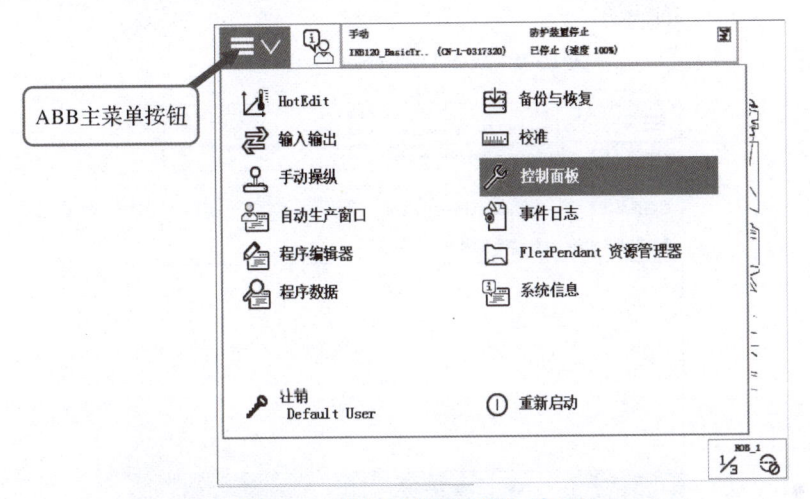

图 2-6 选择"控制面板"选项

（2）选择"配置"选项，如图 2-7 所示。

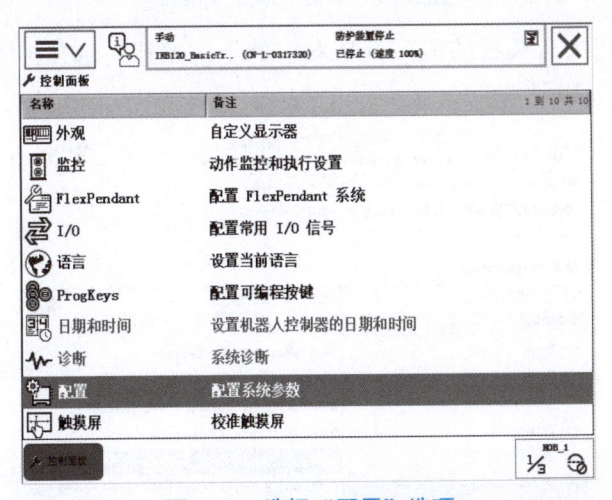

图 2-7 选择"配置"选项

（3）双击 DeviceNet Device 选项，如图 2-8 所示。
（4）单击"添加"按钮，如图 2-9 所示。

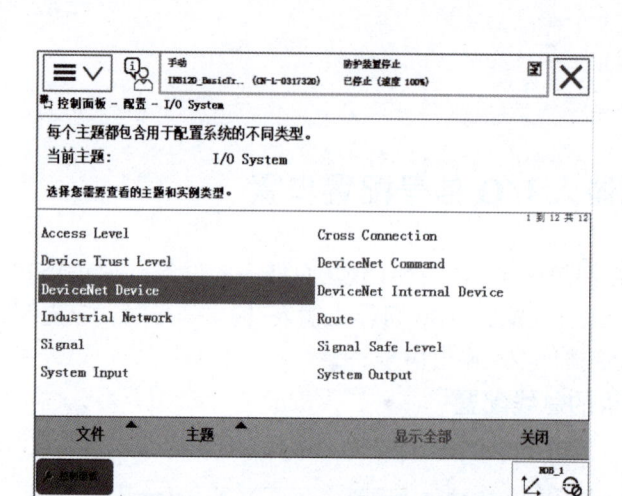

图 2-8　双击 DeviceNet Device 选项

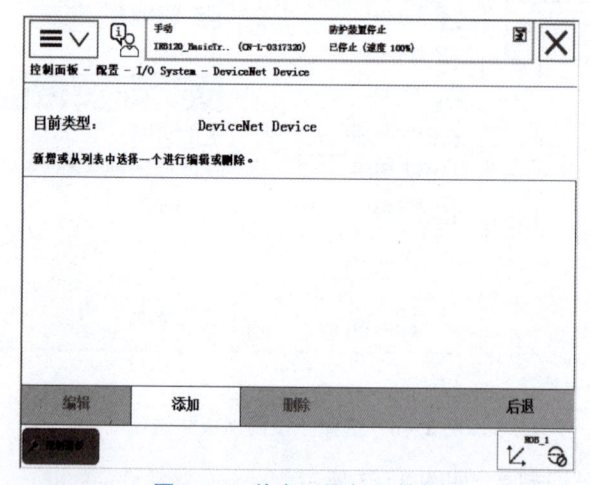

图 2-9　单击"添加"按钮

（5）单击"使用来自模板的值"选项对应的下拉按钮，选择 DSQC 652 24 VDC I/O Device 选项，如图 2-10 所示。

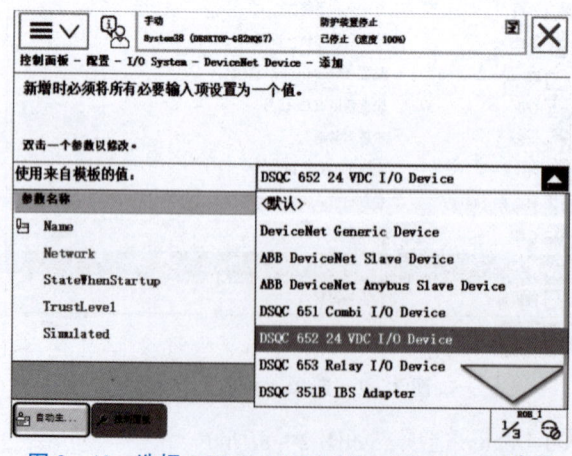

图 2-10　选择 DSQC 652 24 VDC I/O Device 选项

（6）单击滚动按钮，找到参数名称 Address，将值改成 10。单击"确定"按钮，完成 DSQC 652 板的总线连接，如图 2-11 所示。系统弹出"重新启动"对话框，提示重启（见图 2-12），单击"是"按钮，这样 DSQC 652 板的总线就配置完成了。

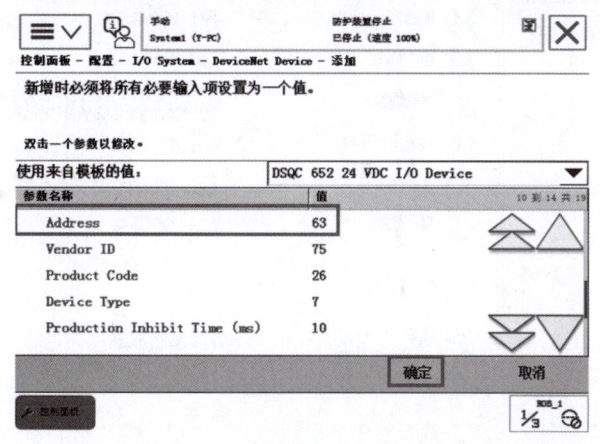

图 2-11　修改参数 Address 的值

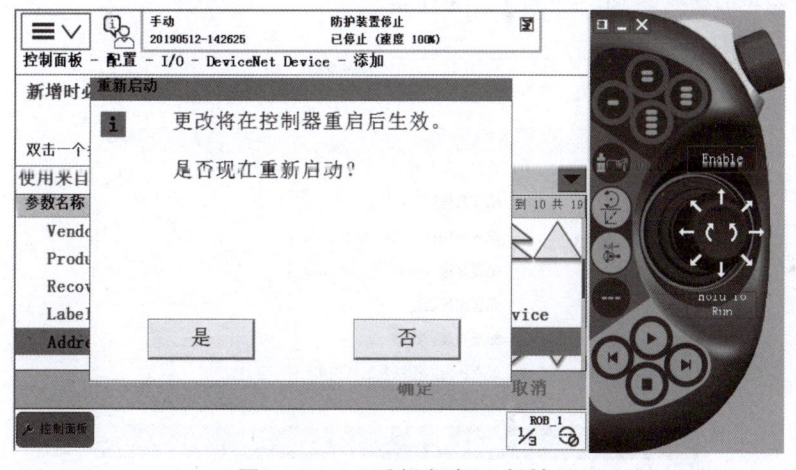

图 2-12　"重新启动"对话框

2. 数字输出信号 DO1 创建

数字输出信号 DO1 相关参数说明如表 2-7 所示。

表 2-7　数字输出信号 DO1 相关参数说明

参数名称	设定值	说明
Name	DO1	设定数字输出信号名称
Type of Signal	Digital Output	设定信号类型
Assigned to Device	DSQC 652 24 VDC I/O Device	设定信号所在的 I/O 模块
Device Mapping	1	设定信号所占用的地址
Invert Physical Value	No	如果想将信号取反，则选 Yes

（1）单击 ABB 主菜单按钮，选择"控制面板"选项，如图 2-13 所示。

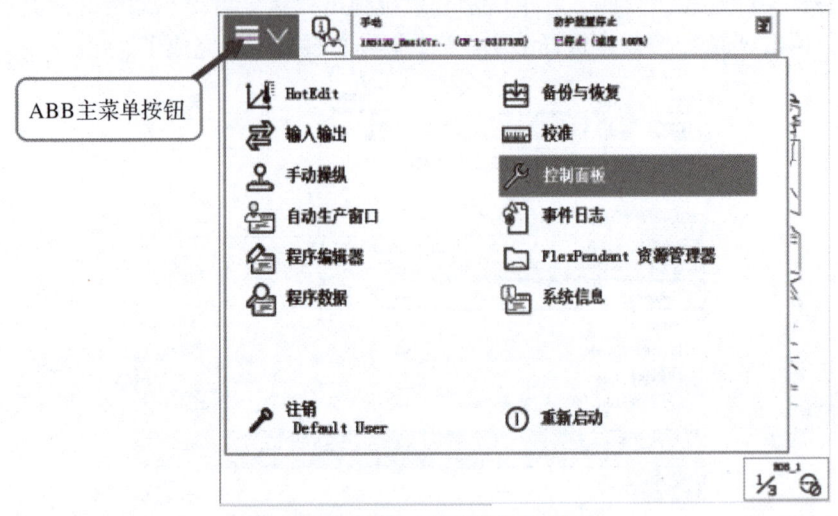

图 2-13 选择"控制面板"选项

（2）选择"配置"选项，如图 2-14 所示。

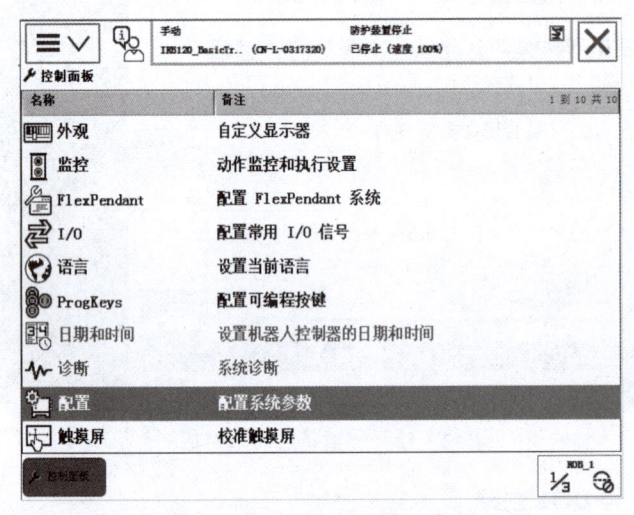

图 2-14 选择"配置"选项

（3）选择 Signal→"添加"选项，显示图 2-15 所示窗口。

（4）参考表 2-7 设定参数值，设定完毕后如图 2-16 所示，单击"确定"按钮，提示重启后单击"是"按钮，完成数字输出信号 DO1 的创建。

3. 工具夹爪控制信号 DO9 的设置

工具夹爪控制信号 DO9 中的 Device Mapping 参数说明如下。

参数 Device Mapping 为 DO9 信号在 DSQC 652 板中的地址，DSQC 652 板有 16 个数字输出信号 XS14（地址为 0~7）和 XS15（地址为 8~15），根据图 2-2 所示，工具夹爪控制信号为 XS15 中的第 1 个，所以其 Device Mapping 应设为 8。具体操作步骤参考数字输出信号 DO1 的创建，设定完毕后如图 2-17 所示。

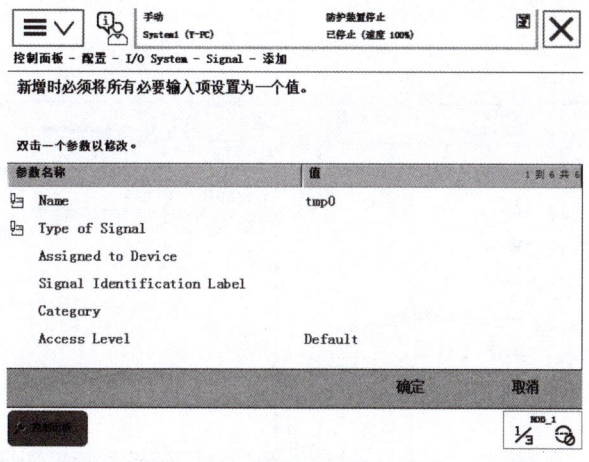

图 2-15 选择"添加"选项

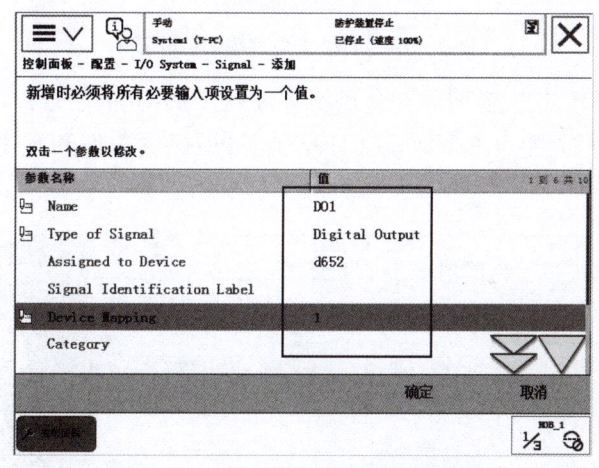

图 2-16 数字输出信号 DO1 的创建

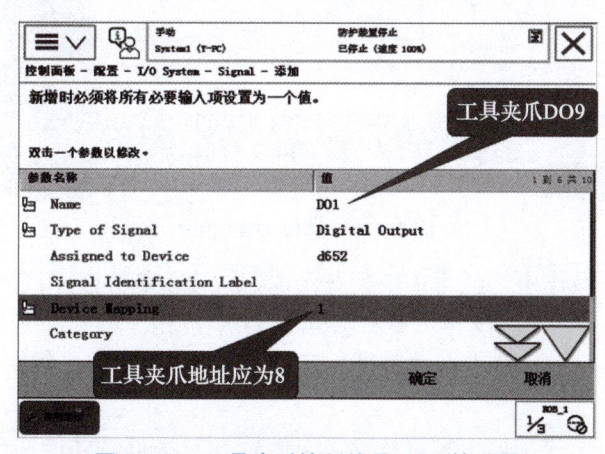

图 2-17 工具夹爪控制信号 DO9 的设置

4. 工具夹爪控制信号 DO9 测试

当工具夹爪控制信号 DO9 设置完成之后，需测试该信号是否正常工作，测试方法如下。

（1）单击 ABB 主菜单按钮，选择"输入输出"选项，然后选择"视图"→"数字输出"选项，如图 2-18 所示。

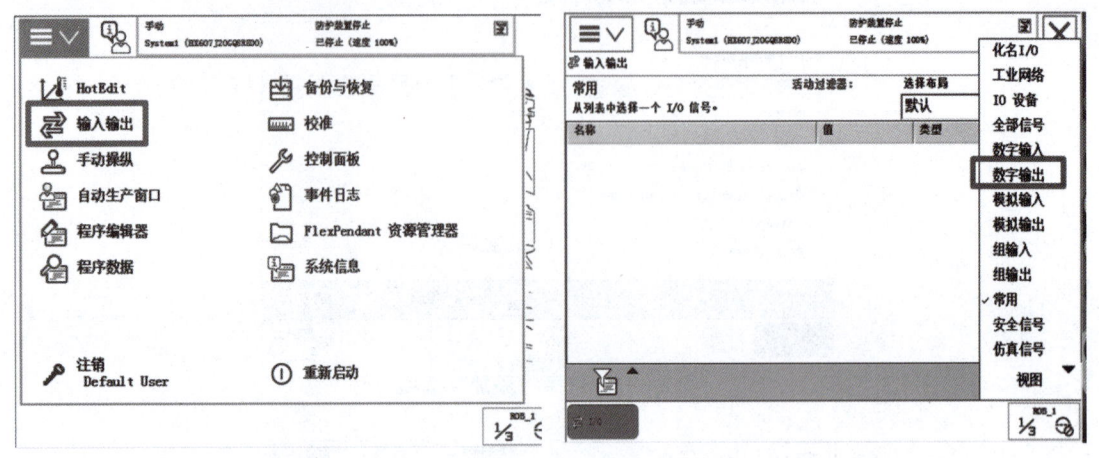

图 2-18　选择"数字输出"选项

（2）选择"数字输出"选项后，会显示先前建立的 DO9 信号，选择 DO9 信号选项，显示图 2-19 所示窗口。单击 1 按钮，将 DO9 信号设为 1（类似 PLC 中的强制输入/输出信号），此时工具夹爪会夹紧；同理，将 DO9 信号设为 0，则工具夹爪会松开。

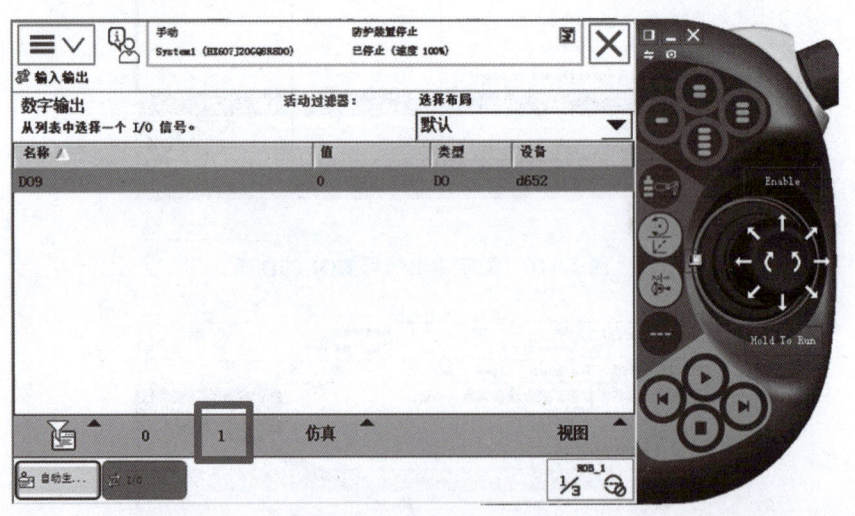

图 2-19　选择 DO9 信号

（3）考虑在实际操作中，经常需要使松开/夹紧工具夹爪松开或夹紧，因此设置 DO9 信号的快捷键 ProgKeys。具体操作：单击 ABB 主菜单按钮，选择"控制面板"→ProgKeys 选项，单击"按键 1 无"标签，在"类型"下拉列表框中选择"输出"选项，如图 2-20 所示。

（4）选择"输出"选项后，需将按键 1 与信号 DO9 关联，才能实现按键 1 控制工具夹爪的松开或夹紧。关联信号时应注意，一般在"按下按键"下拉列表框中选择"切换"选项，即按按键 1 时 DO9 信号设为 1（工具夹爪夹紧），再次按按键 1 时 DO9 信号复位为 0（工具夹爪松开），如图 2-21 所示。

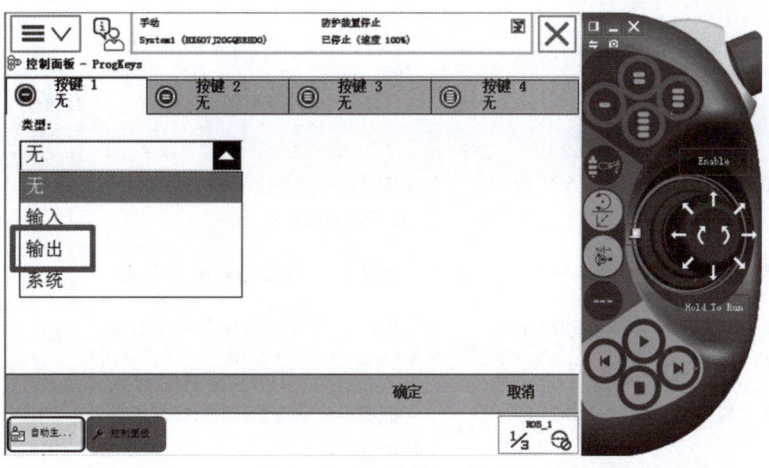

图 2-20 "输出"选项

图 2-21 关联"按键 1"与信号 DO9

任务评价

具体评价标准与要求如表 2-8 所示。

表 2-8 评价标准与要求

评分项目	考核内容及要求	分值	评分细则	自评分	互评分	师评分
理论知识	ABB 机器人 I/O 通信的种类	10	了解 ABB 机器人 I/O 通信的种类与含义			
	ABB 标准 I/O 板 DSQC 652 各端子定义及地址分配	10	能够认识并区分 ABB 标准 I/O 板 DSQC 652 各端子定义及地址分配			
	DeviceNet 总线端口地址计算	10	熟悉 DeviceNet 总线端口地址计算与正确跳线			

续表

评分项目	考核内容及要求	分值	评分细则	自评分	互评分	师评分
实操技能	掌握 DSQC 652 板的总线配置操作	15	能够在示教器上正确完成 DSQC 652 板的总线配置			
	数字输出信号 DO1 的正确创建	15	能够正确创建数字输出信号 DO			
	完成工具夹爪控制信号 DO9 的设置	10	能够正确设置工具夹爪控制信号 DO9			
	完成工具夹爪控制信号 DO9 的测试	10	能够正确完成工具夹爪控制信号 DO9 的测试			
素养目标	提升理论知识学习能力	10	掌握所学的理论知识			
	培养实践动手操作能力	10	具备完成示教器实践任务的操作能力			
任务总结	(包括理论知识、实操技能、素养目标)					
总评分						

任务 2.2　单轴运动搬运

任 务 描 述

本任务要求通过示教器控制 ABB 6 轴机器人（见图 2-22）6 个关节轴完成单个物块的单轴运动搬运，从位置 A 搬运到位置 B，如图 2-23 所示。

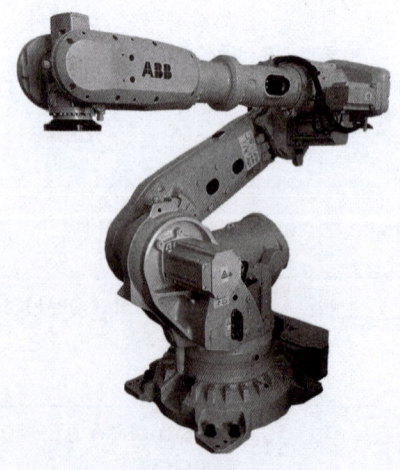

图 2-22　ABB 6 轴机器人

图 2－23　单个物块的单轴运动搬运

任务目标

1. 知识目标

（1）掌握工业机器人 6 个关节轴的运动方向。
（2）掌握转数计数器的更新方法。

2. 技能目标

（1）掌握示教器轴操纵杆正确进行单独轴运动。
（2）正确操纵工业机器人 6 个关节轴完成转数计数器的更新。

3. 素养目标

（1）培养学生理论与实践相结合的能力。
（2）培养学生安全操作意识，遵守安全操作规程，能够识别潜在的安全风险和危险。

相关知识

2.2.1　6 轴机器人的关节轴

在前面章节的学习中认识了机器人本体的机械臂，现在学习如何控制 6 轴机器人的各关节轴。手动操纵工业机器人运动共有 3 种模式：单轴运动、线性运动和重定位运动。如图 2－24 所示，6 轴机器人本体有 6 个关节轴，由 6 个伺服电机分别驱动，每个轴都是可以单独运动的，且每个轴都有一定的运动正方向，每次手动操纵一个关节轴的运动，称为单轴运动。

6 轴机器人关节轴的运动方向示意如图 2－25 所示。

工业机器人在出厂时，对各关节轴的机械零点均进行了设定，对应着机器人本体上 6 个关节轴的同步标记，作为各关节轴运动的基准。工业机器人的关节轴坐标系是各关节轴独立运动时的参考坐标系，以各关节轴的机械零点和规定的运动方向为基准。在一些特别的场合使用单轴运动来操纵会很方便快捷。例如，在进行转数计数器更新时可以用单轴运动的操纵方式；还有工业机器人出现机械限位和软件限位，即超出移动范围而停止时，可以利用单轴运动的手动操纵，将工业机器人移动到合适的位置。单轴运动在进行粗略的定位和较大幅度地移动时，相比其他的手动操纵模式更加方便快捷。

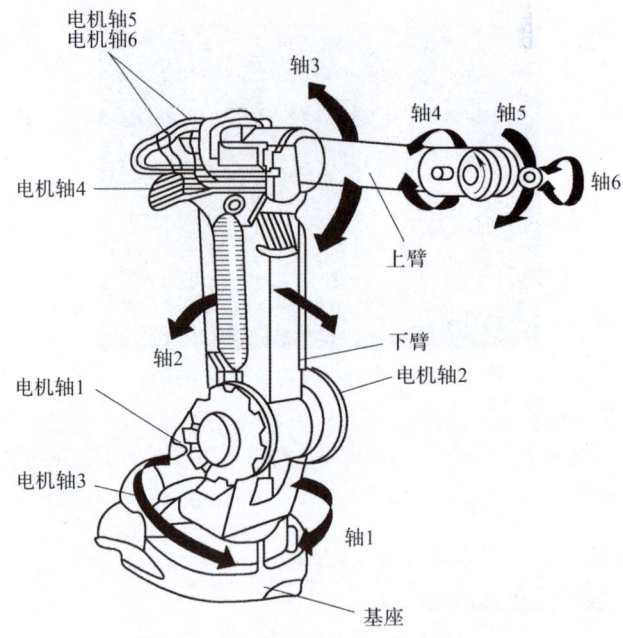

图 2-24 工业机器人 6 个关节轴示意图

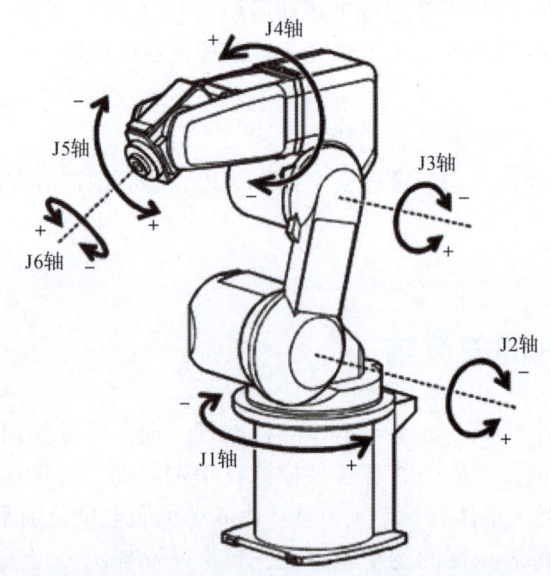

图 2-25 6 轴机器人关节轴的运动方向示意图

任务实施

2.2.2 使用单轴运动完成物块的手动搬运

（1）接通电源，将控制柜上机器人钥匙切换到手动限速状态（小手标志），如图 2-26 所示。

图 2-26　ABB 工业机器人控制柜

（2）在状态栏中，确认工业机器人的状态已切换为"手动"状态，单击 ABB 主菜单按钮。

（3）选择"手动操纵"选项，如图 2-27 所示。

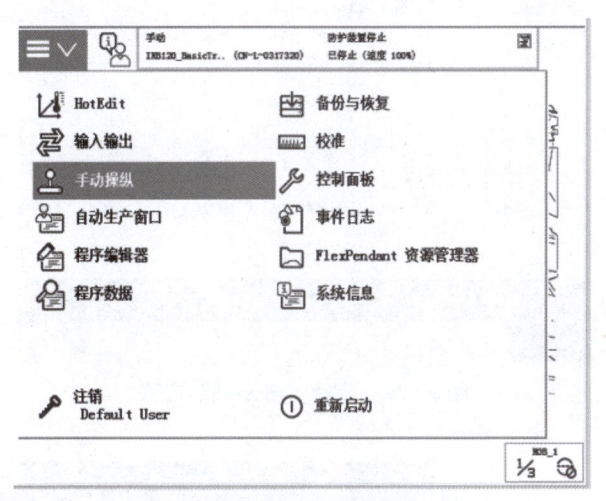

图 2-27　选择"手动操纵"选项

（4）选择"动作模式"选项，如图 2-28 所示。

（5）选择"轴 1-3"选项，然后单击"确定"按钮，如图 2-29 所示。若选择"轴 4-6"选项，则可以操纵轴 4~轴 6。

（6）按下使能按键，进入"电机开启"状态，如图 2-30 所示。

（7）在状态栏中，确认状态为"电机开启"，操作操纵杆，使工业机器人的关节轴 1、关节轴 2、关节轴 3 动作，操作操纵杆的幅度越大，工业机器人的动作速度越快。其中"操纵杆方向"栏的箭头和数字代表各个轴的运动时的正方向，如图 2-31 所示。

（8）"轴 1-3"与"轴 4-6"的切换如图 2-32 所示，工业机器人关节轴 4、关节轴 5、关节轴 6 动作操纵方法与关节轴 1、关节轴 2、关节轴 3 相同。

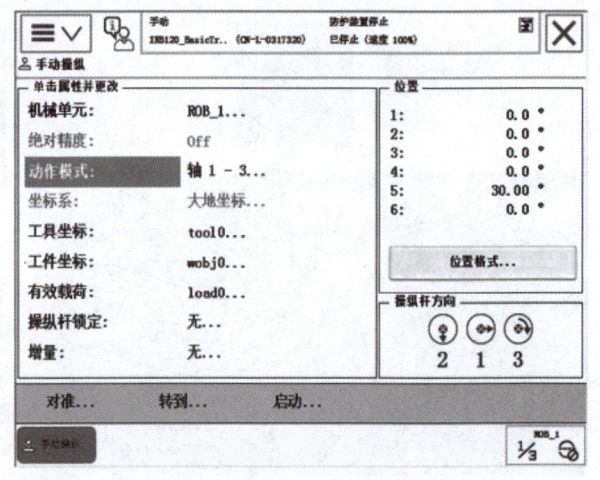

图 2-28　选择"动作模式"选项

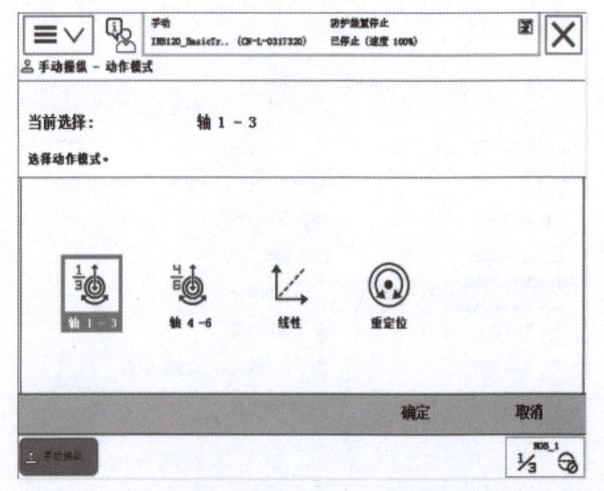

图 2-29　选择"轴 1-3"选项

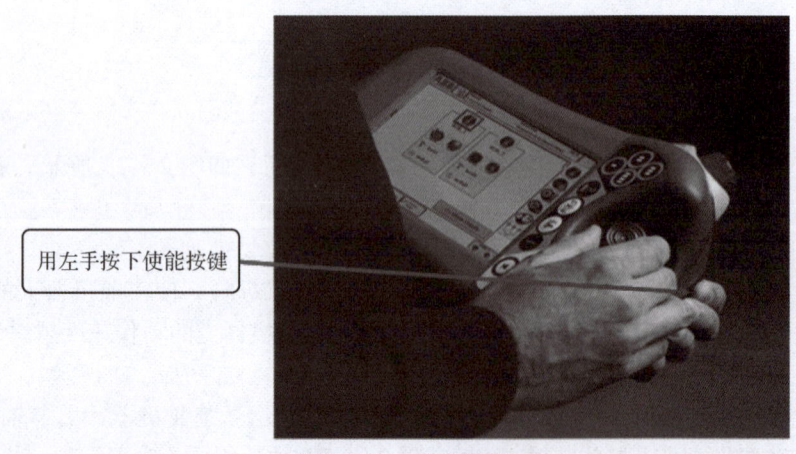

用左手按下使能按键

图 2-30　使能按键

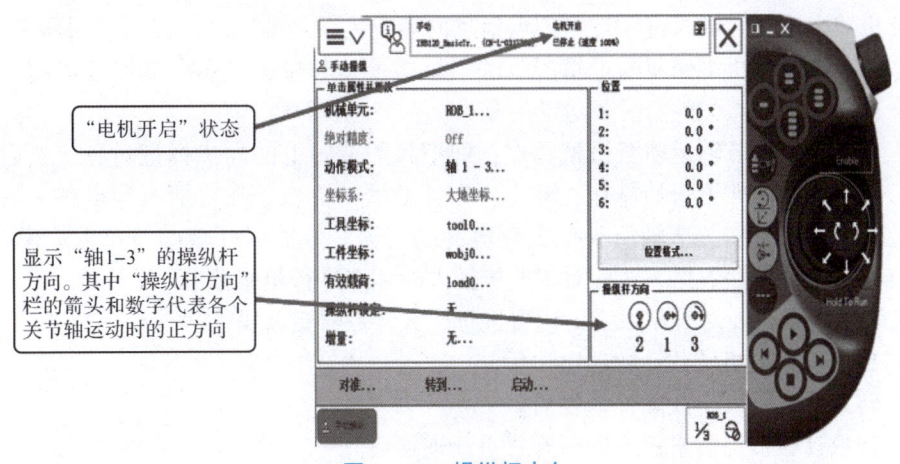

图 2-31 操纵杆方向

"电机开启"状态

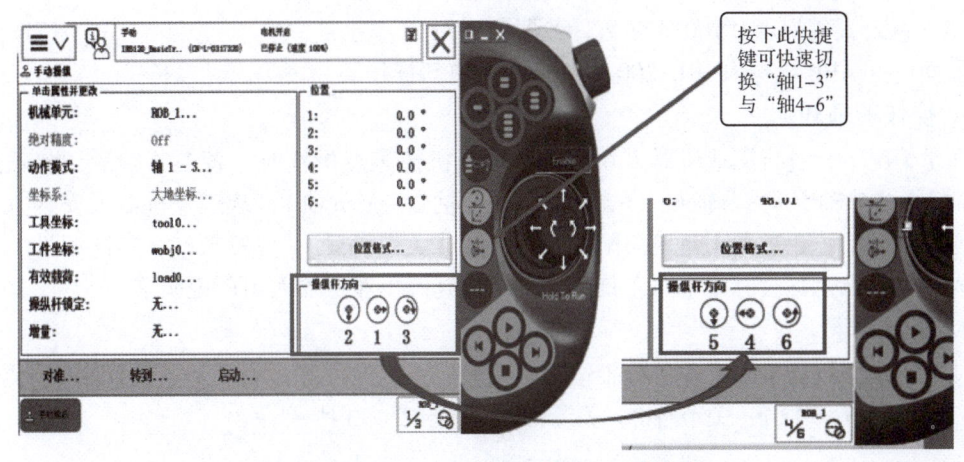

显示"轴1-3"的操纵杆方向。其中"操纵杆方向"栏的箭头和数字代表各个关节轴运动时的正方向

按下此快捷键可快速切换"轴1-3"与"轴4-6"

图 2-32 "轴1-3"与"轴4-6"的切换

操纵杆的使用技巧：操纵杆的灵敏度决定了工业机器人响应的速度，可以将操纵杆比作汽车的节气门，操纵杆的操纵幅度与工业机器人的运动速度相关。操纵幅度较小，则工业机器人运动速度较慢；操纵幅度较大，则工业机器人运动速度较快。

初次操作时，尽量先小幅度操作操纵杆使工业机器人慢慢运动。要注意操作安全，在使用操纵杆时，必须始终注意周围环境，确保自己的位置不会被工业机器人的运动路径所覆盖；同时，也要确保其他人处于安全的位置，防止意外伤害。

2.2.3 使用单轴运动完成转数计数器更新

使用单轴运动完成转数计数器更新

转数计数器更新的目的及需要更新的条件如下。

工业机器人在出厂时，对各关节轴的机械零点均进行了设定，对应着机器人本体上6个关节轴的同步标记，作为各关节轴运动的基准。工业机器人的零点信息是指工业机器人各关节轴处于机械零点时各轴电机编码器对应的读数（包括转数数据和单圈转角数据）。零点信息数据存储在机器人本体串行测量板上，数据需供电才能保存，掉电后数据会丢失。

工业机器人出厂时的机械零点与零点信息的对应关系是准确的，但由于误删零点信息、转数计数器掉电、拆机维修或断电情况下关节轴被撞击移位，可能会造成零点信息的丢失和错误，进而导致零点失效，丢失运动的基准。

将工业机器人关节轴运动至机械零点，即把各关节轴上的同步标记对齐，然后在示教器上进行转数数据校准更新的操作，称为转数计数器的更新。在机器人零点丢失后，更新转数计数器可以将当前关节轴所处位置对应的编码器转数数据（单圈转角数据保持不变）设置为机械零点的转数数据，从而对工业机器人的零点进行粗略校准。

在以下情况，需要对机械原点的位置进行转数计数器更新操作。

（1）更换伺服电机转数计数器电池后。
（2）转数计数器发生故障并修复后。
（3）转数计数器与测量板之间断开并重新连接后。
（4）断电后，工业机器人关节轴发生了位移。
（5）系统报警提示"10036 转数计数器未更新"。

下面进行 ABB 机器人 IRB1200 转数计数器更新操作。

1. 操作前须知

通常情况下，进行工业机器人 6 个关节轴回机械零点操作时，各关节轴的调整顺序为关节轴 4—关节轴 5—关节轴 6—关节轴 3—关节轴 2—关节轴 1。从工业机器人安装方式考虑，通常情况下工业机器人与地面配合安装，造成关节轴 4~6 位置较高，不同型号的工业机器人机械零点位置会有所不同，具体信息可以查阅工业机器人出厂说明书。

2. 操作要求

使用手动操纵让机器人各关节轴运动到机械原点刻度位置，顺序是：关节轴 4—关节轴 5—关节轴 6—关节轴 1—关节轴 2—关节轴 3，如图 2 - 33 所示。

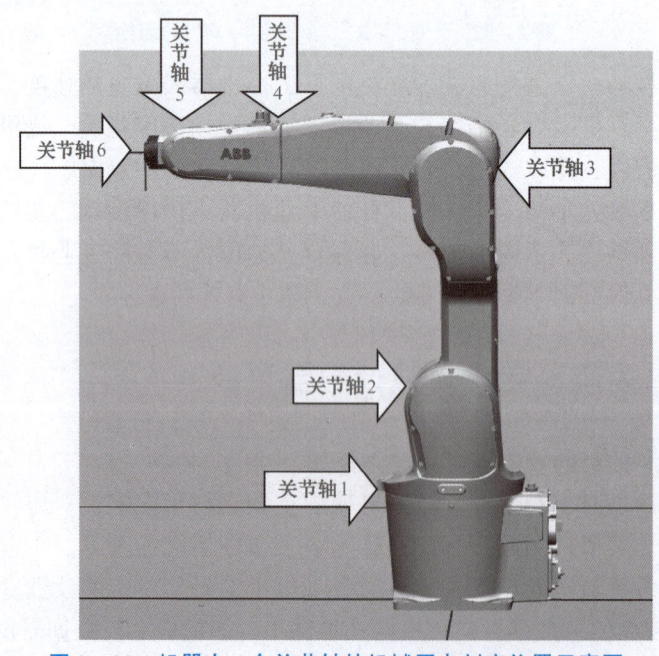

图 2 - 33 机器人 6 个关节轴的机械原点刻度位置示意图

3. 转数计数器更新实操

（1）在"手动操纵"窗口中，选择"轴 4-6"选项，将关节轴 4 运动到机械原点刻度位置，如图 2-34 所示。

关节轴4运动到机械原点刻度位置

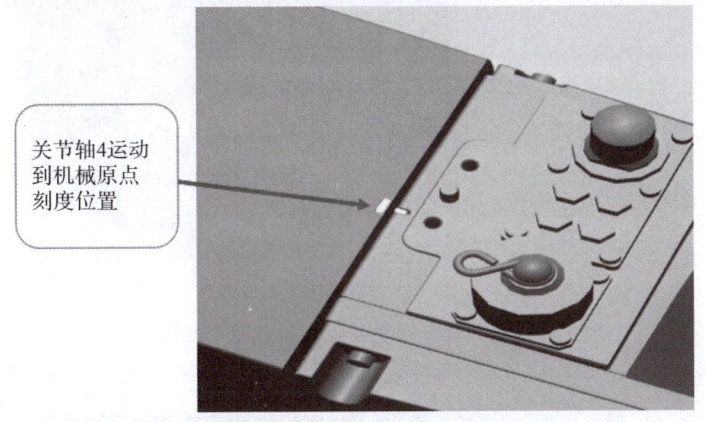

图 2-34 关节轴 4 运动到机械原点刻度位置示意图

（2）在"手动操纵"窗口中，选择"轴 4-6"选项，将关节轴 5 运动到机械原点刻度位置，如图 2-35 所示。

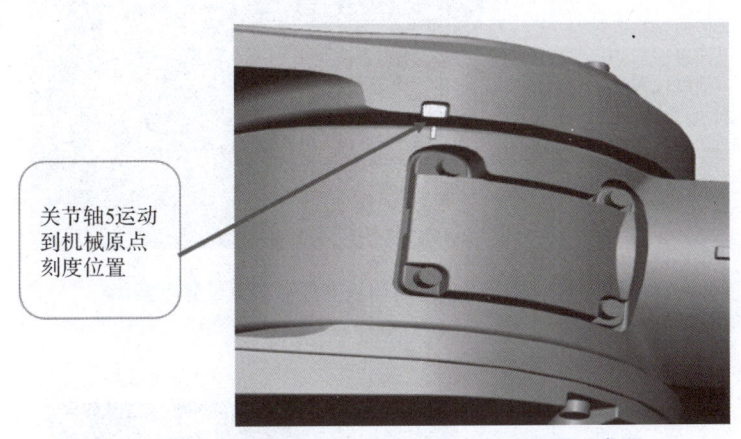

关节轴5运动到机械原点刻度位置

图 2-35 关节轴 5 运动到机械原点刻度位置示意图

（3）在"手动操纵"窗口中，选择"轴 4-6"选项，将关节轴 6 运动到机械原点刻度位置，如图 2-36 所示。

（4）在"手动操纵"窗口中，选择"轴 1-3"选项，将关节轴 1 运动到机械原点刻度位置，如图 2-37 所示。

（5）在"手动操纵"窗口中，选择"轴 1-3"选项，将关节轴 2 运动到机械原点刻度位置，如图 2-38 所示。

（6）在"手动操纵"窗口中，选择"轴 1-3"选项，将关节轴 3 运动到机械原点刻度位置，如图 2-39 所示。

（7）完成之后，单击 ABB 主菜单按钮，选择"校准"选项，如图 2-40 所示。

（8）选择"ROB_1"选项，如图 2-41 所示。

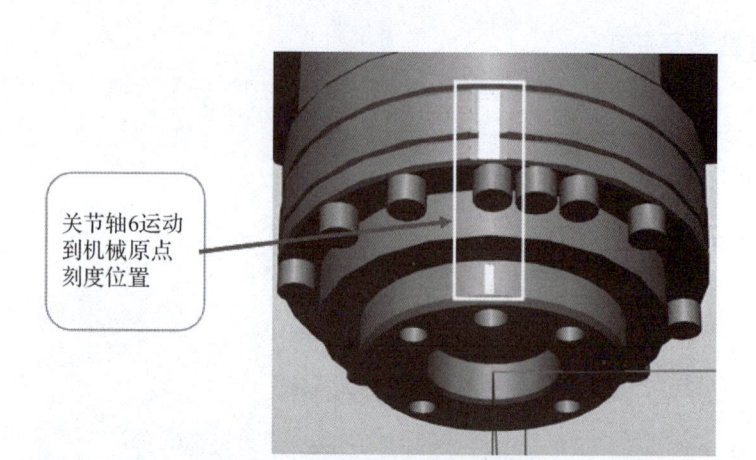

图 2-36　关节轴 6 运动到机械原点刻度位置示意图

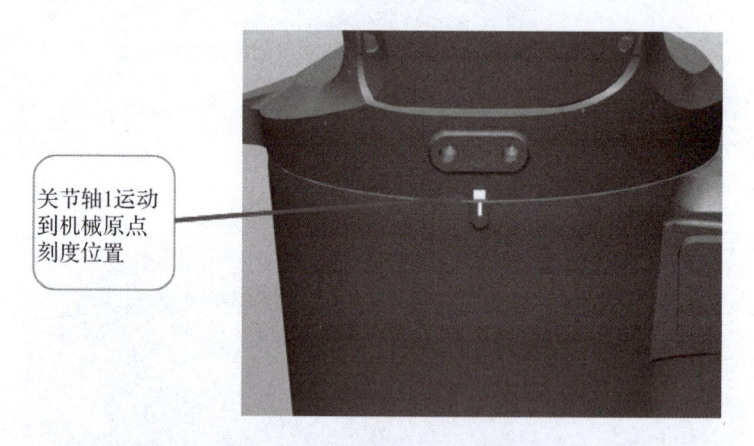

图 2-37　关节轴 1 运动到机械原点刻度位置示意图

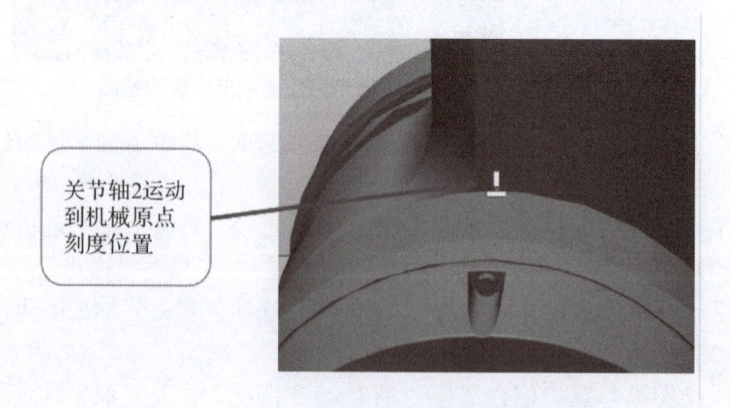

图 2-38　关节轴 2 运动到原点刻度位置示意图

（9）单击"校准 参数"标签，选择"编辑电机校准偏移"选项，如图 2-42 所示。

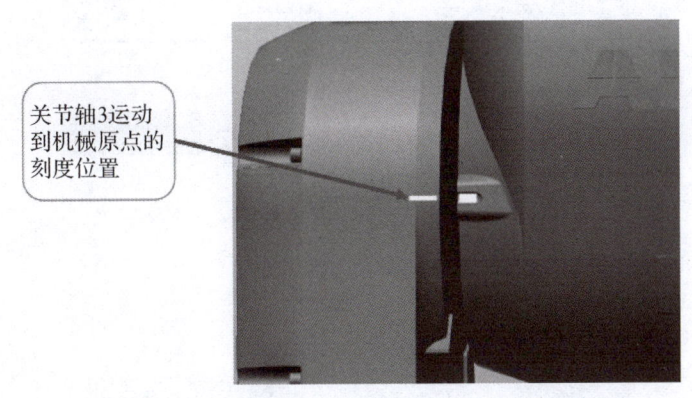

图 2-39 关节轴 3 运动到机械原点刻度位置示意图

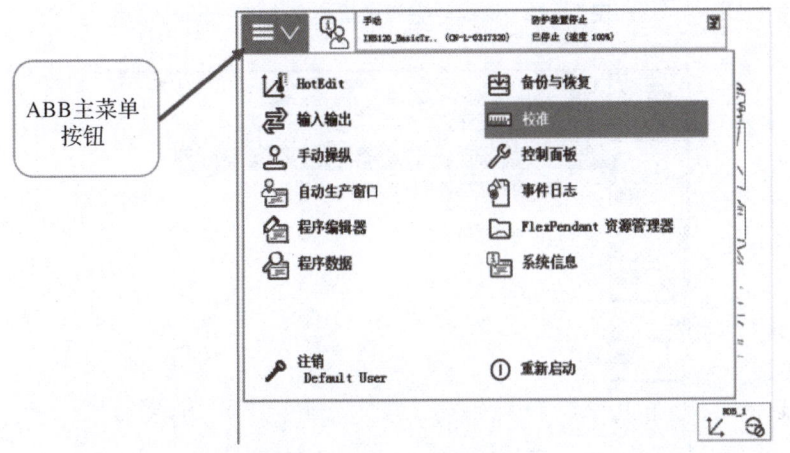

图 2-40 选择"校准"选项

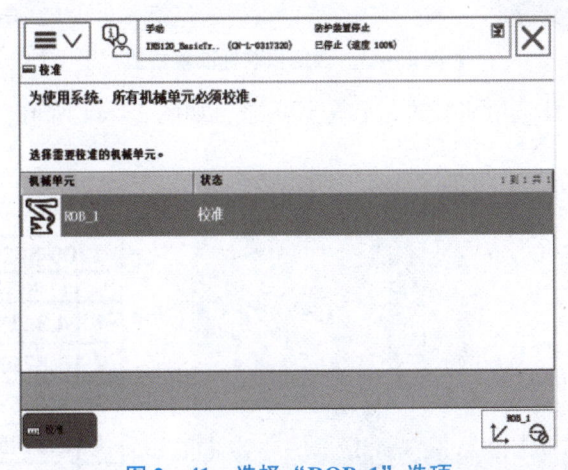

图 2-41 选择"ROB_1"选项

（10）弹出"系统"对话框提示"更改校准偏移值可能会改变预设位置。确定要继续？"，单击"是"按钮，如图 2-43 所示。

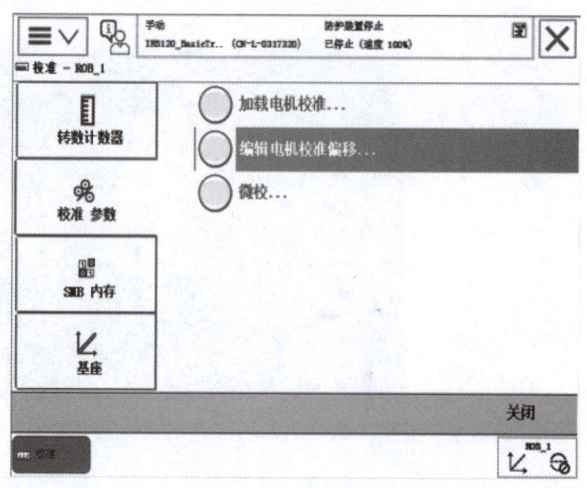

图 2-42 选择"编辑电机校准偏移"选项

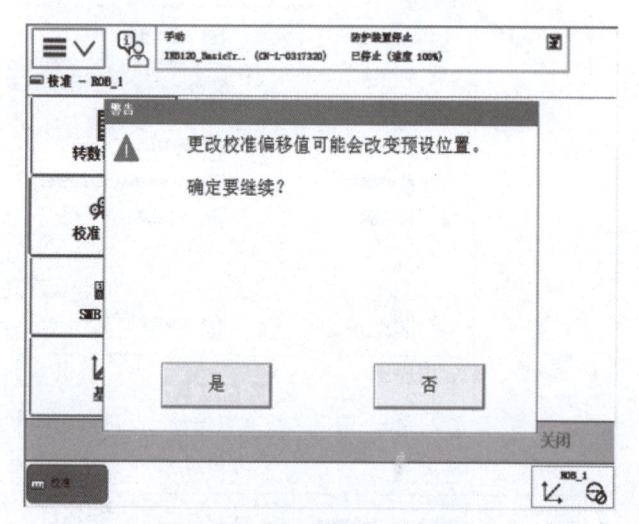

图 2-43 确定更改标准偏移值

（11）将机器人本体通电机校准偏移记录下来，如图 2-44 所示。

1200-501374	
轴	解析器值
1	4.3613
2	3.8791
3	3.4159
4	2.1185
5	2.3283
6	0.6529

记录机器人本体上电机校准偏移

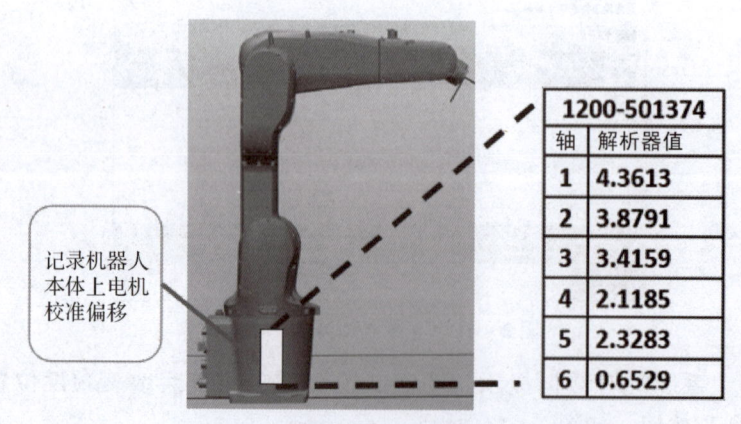

图 2-44 记录机器人本体通电机校准偏移

（12）将记录的机器人本体通电机校准偏移数据输入到"偏移值"列，然后单击"确定"按钮，如图2-45所示。如果示教器中显示的数值与机器人本体上的偏移数值一致，则不需要修改，直接单击"取消"按钮退出窗口，跳转到步骤（16）。

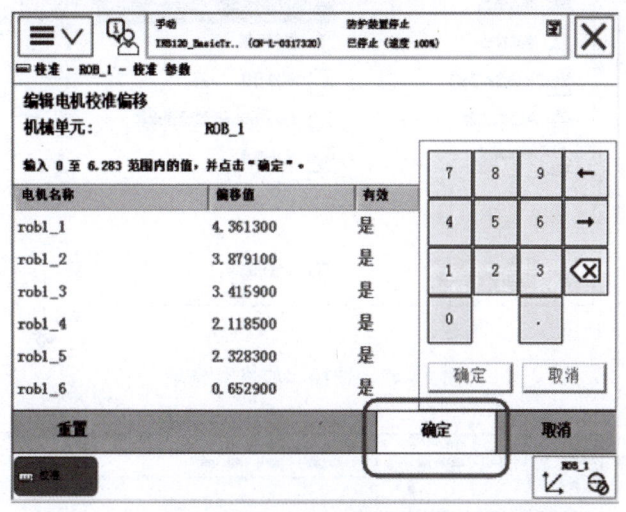

图2-45　输入机器人本体记录的电机校准偏移数据

（13）弹出"系统"对话框提示"新校准偏移值已保存在系统参数中。要激活这些值，您需要重新启动控制器。是否现在重新启动控制器？"单击"是"按钮，如图2-46所示。

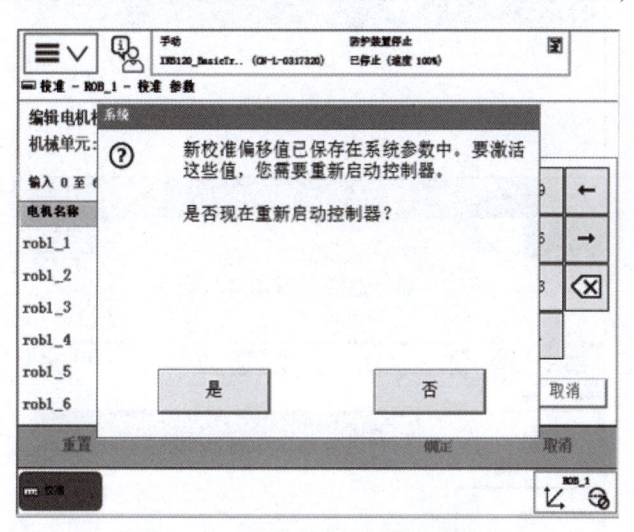

图2-46　重新启动控制器系统提示

（14）等待系统重启，重启后在操作窗口选择"校准"选项，如图2-47所示。

（15）选择"ROB_1"选项，如图2-48所示。

（16）选择"更新转数计数器"选项，如图2-49所示。

（17）系统弹出"警告对话框"提示"更新转数计数器可能会改变预设位置。确定要继续？"单击"是"按钮，如图2-50所示。

（18）窗口显示如图2-51所示，单击"确定"按钮。

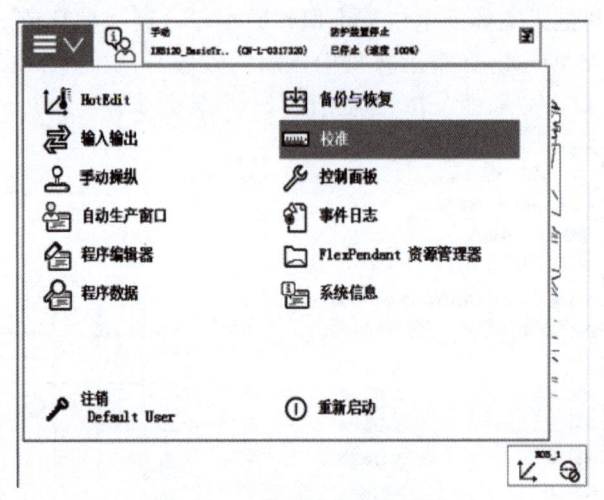

图 2-47 选择"校准"选项

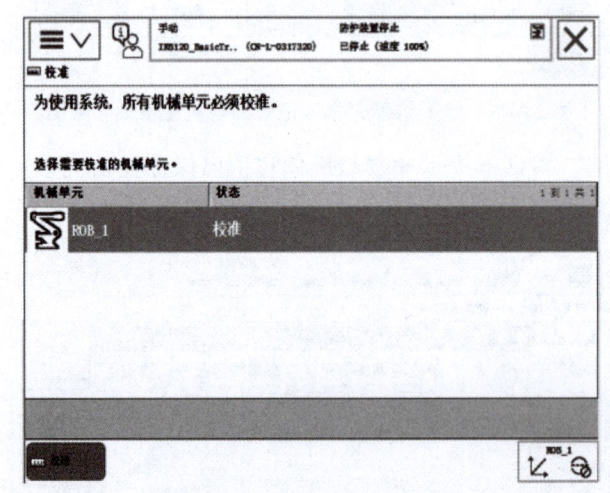

图 2-48 选择"ROB_1"选项

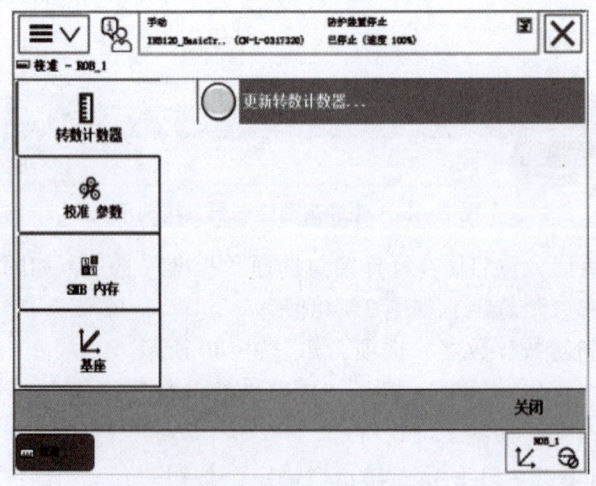

图 2-49 选择"更新转数计数器"选项

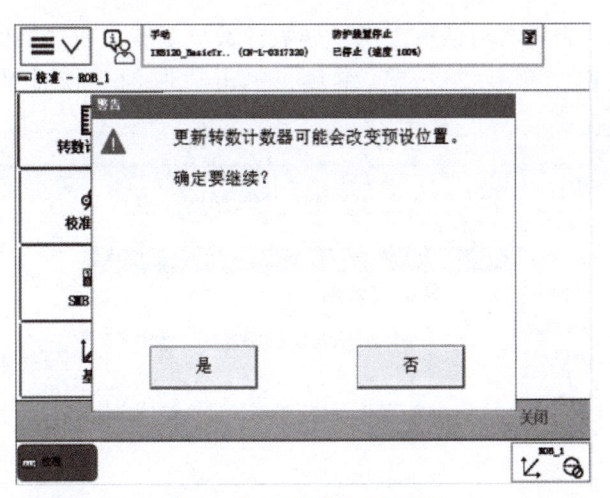

图 2-50 "警告"对话框

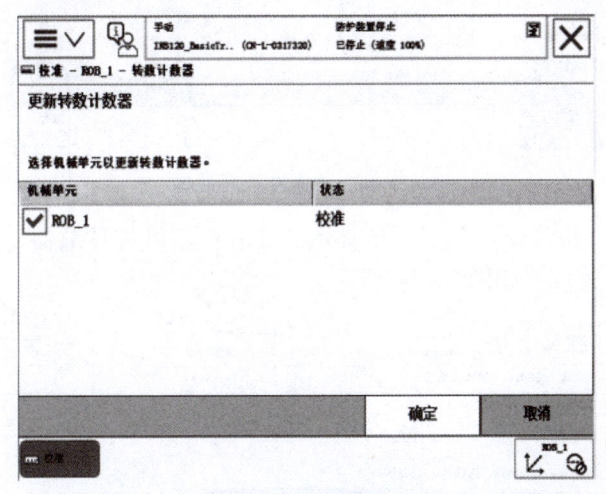

图 2-51 "更新转数计数器"窗口显示

(19) 窗口显示如图 2-52 所示，单击"全选"按钮，然后单击"更新"按钮。

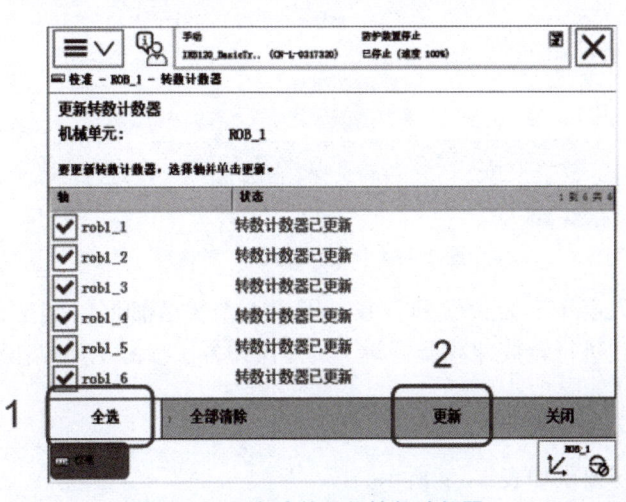

图 2-52 全选并更新转数计数器

67

（20）系统弹出"警告"对话框提示"转数计数器更新 所选轴的转数计数器将被更新。此操作不可撤销。单击"更新"继续，单击"取消"使计数器保留不变"，如图2-53所示。

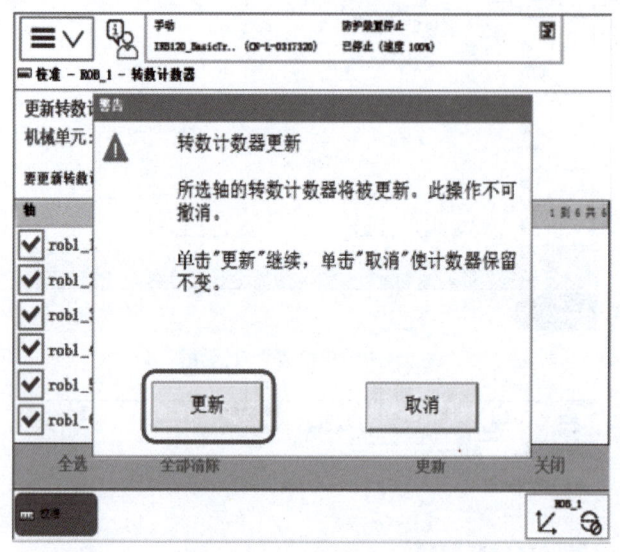

图2-53 "警告"对话框

（21）系统弹出"进度窗口"对话框提示"正在更新转数计数器。请等待!"操作完成后，转数计数器更新完成，如图2-54所示。

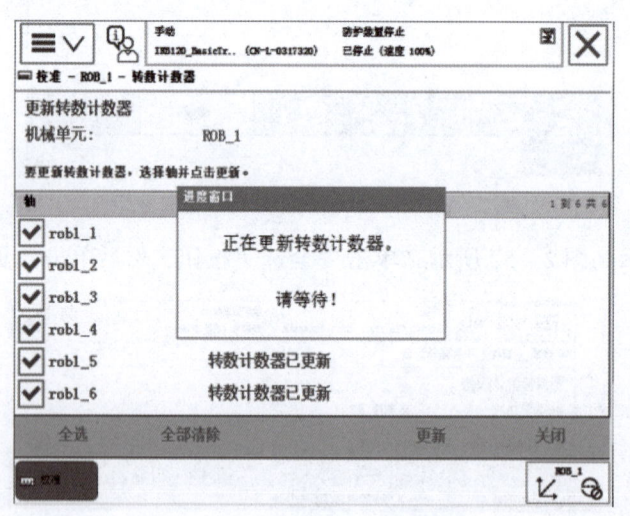

图2-54 "进度窗口"对话框

如果工业机器人由于安装位置的关系，无法6个关节轴同时到达机械原点刻度位置，则可以逐一对关节轴进行转数计数器更新，具体操作方法参考上述操作流程。

任务评价

具体评价标准与要求如表2-9所示。

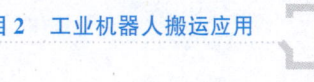

表 2-9　评价标准与要求

评分项目	考核内容及要求	分值	评分细则	自评分	互评分	师评分
理论知识	6 轴工业机器人 6 个关节轴的具体位置	10	正确识别和判断 6 个关节轴			
	6 轴工业机器人 6 个关节轴的运动方向	10	正确判断并控制 6 个关节轴的正确运动方向			
	转数计数器的更新目的及需要更新的条件	10	了解转数计数器在需进行更新的情况			
实操技能	掌握工业机器人 6 个关节轴的运动方向控制操作	20	可以使用操纵杆正确操作 6 个关节轴的运动			
	掌握工业机器人 6 个关节轴回机械零点的操作方法	20	能够正确完成工业机器人 6 个关节轴回机械零点的操作			
	掌握转数计数器的更新方法	10	正确完成转数计数器的更新			
素养目标	培养理论知识学习能力	10	能够通过自我探究学习掌握所学的理论知识			
	提升安全操作意识	10	能够安全正确完成工业机器人操作，不发生任何意外情况			
任务总结	（包括理论知识、实操技能、素养目标）					
总评分						

任务 2.3　线性运动搬运

任务描述

在任务 2.2 中，学习了工业机器人的单轴运动搬运物块，但在实训过程中发现仅仅使用单轴运动去调整工业机器人姿态很不方便。比如，在物块上方，刚调整好工业机器人的姿态可以使其夹紧物块，而想要夹具下移去夹紧物块，又需要重新调整 6 个关节轴的姿态。

那有什么方法可以保证夹具的垂直移动呢？

本任务要求操纵工业机器人完成单个物块的线性运动搬运（从位置 A 搬运到位置 B），如图 2-55 所示。

图 2-55　单个物块的线性运动搬运

任务目标

1. 知识目标

（1）理解工业机器人坐标系的含义。
（2）掌握工业机器人线性运动的方法。

2. 技能目标

（1）掌握工业机器人的线性运动。
（2）掌握手动操纵工业机器人各关节轴。

3. 素养目标

（1）培养学生传承弘扬工匠精神。
（2）提高学生的综合职业能力。
（3）培养学生安全操作意识，遵守安全操作规程，能够识别潜在的安全风险和危险。

相关知识

2.3.1　工业机器人大地坐标系、基坐标系的概念

工业机器人的线性运动是指安装在机器人第 6 轴法兰盘上的工具中心点（tool center point，TCP）在空间作线性运动，如图 2-56 所示。在学习线性运动前，首先应该明确，工业机器人的线性运动是在哪个坐标系下的线性运动。

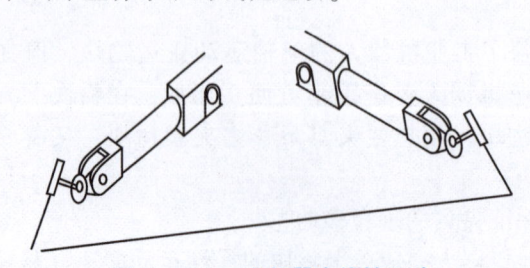

图 2-56　工业机器人线性运动

坐标系从一个称为原点的固定点通过轴定义平面或空间，而工业机器人的目标和位置则通过沿坐标轴的测量来定位。

1. 基坐标系

基坐标系如图 2-57 所示，在机器人基座中有相应的零点，这使固定安装的工业机器人的移动具有可预测性。因此该零点对于将机器人从一个位置移动到另一个位置很有帮助。在正常配置的机器人系统中，当站在工业机器人的前方并在基坐标系下进行微动控制时，若将操纵杆拉向自己一方，则机器人将沿 X 轴移动；若向两侧移动控制杆，则机器人将沿 Y 轴移动；若扭动控制杆，则机器人将沿 Z 轴移动。

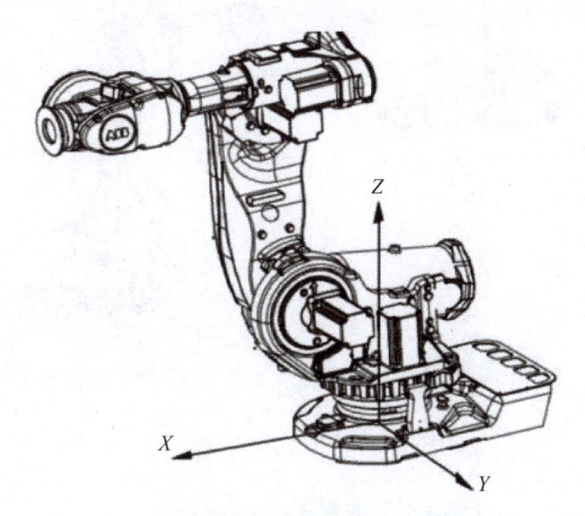

图 2-57 工业机器人基坐标系

2. 大地坐标系

如果工业机器人安装在地面，在基坐标系下（X 轴、Y 轴、Z 轴方向不容易弄错）示教编程很容易，但当工业机器人吊装时，如图 2-58 所示，其末端移动直观性差（X 轴、Y 轴、Z 轴方向容易弄错），因而示教编程较困难，这时就可以用到大地坐标系。

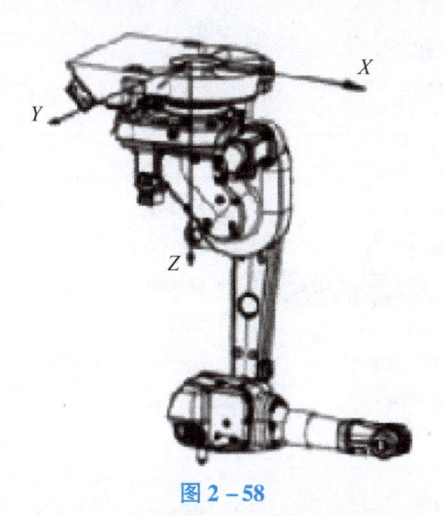

图 2-58

大地坐标系在工作单元或工作站中的固定位置有其相应的零点。在默认情况下，大地坐标系与基坐标系是一致的，如图 2-59 所示。

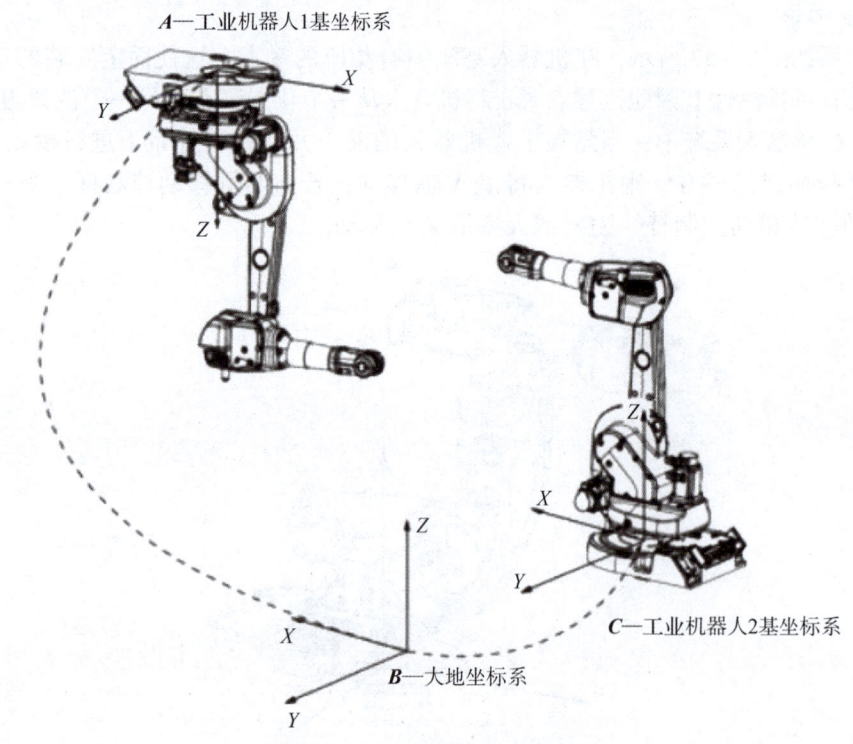

A—工业机器人1基坐标系
C—工业机器人2基坐标系
B—大地坐标系

图2-59 大地坐标系与基坐标系

大地坐标系：在地球上的坐标系，不能变。基坐标系：相对于机器人底座的坐标系，随着工业机器人装在导轨上或者抓取传送带上物体，基坐标系是变化的。

2.3.2 工业机器人线性运动

线性运动手动操纵步骤如下。

(1) 单击ABB主菜单按钮，选择"手动操纵"选项，如图2-60所示。

工业机器人线性运动

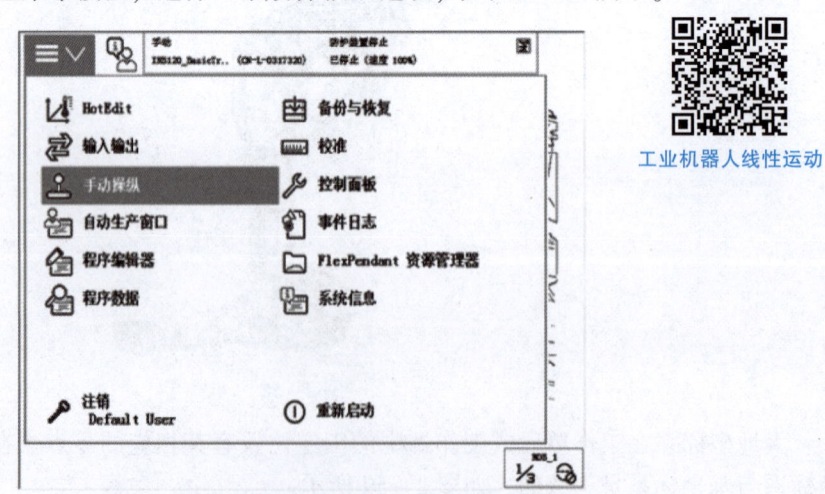

图2-60 选择"手动操纵"选项

(2) 选择"动作模式"选项,如图 2-61 所示。

图 2-61 选择"动作模式"选项

(3) 选择"线性"选项,然后单击"确定"按钮,如图 2-62 所示。

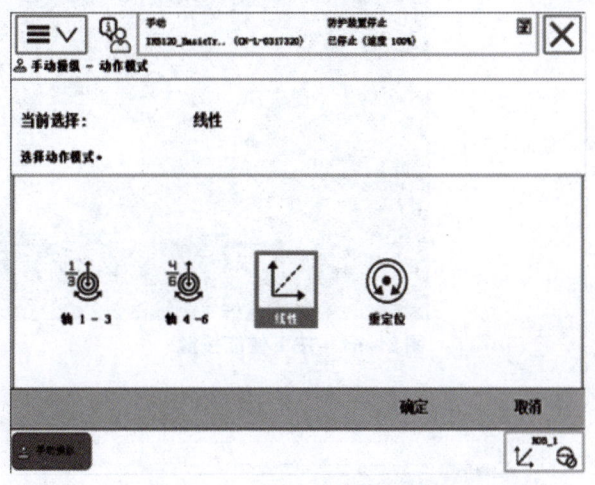

图 2-62 选择"线性"选项

(4) 选择"工具坐标"选项,然后选择 tool0 选项,如图 2-63 所示。工业机器人的线性运动要在"工具坐标"窗口中指定对应的工具。这里用的是系统自带的工具坐标系,关于工具坐标系的建立详见坐标系部分的内容。

(5) 用左手按下使能按键,进入"电机开启"状态,如图 2-64 所示。

(6) 选择"坐标系"选项,然后选择"大地坐标"或"基坐标"选项,操作示教器上的操纵杆,TCP 在相应的坐标系空间做线性运动,"操纵杆方向"栏中 X、Y、Z 的箭头方向代表各个坐标轴运动的正方向,如图 2-65 所示。

如果使用操纵杆通过操作幅度大小来控制工业机器人运动速度不熟练,则可使用增量模式来控制机器人的运动。在增量模式下,操纵杆每位移一次,机器人就移动一步;如果操纵杆位移持续 1 s 或数秒,则机器人就会持续移动(速率为 10 步/s)。

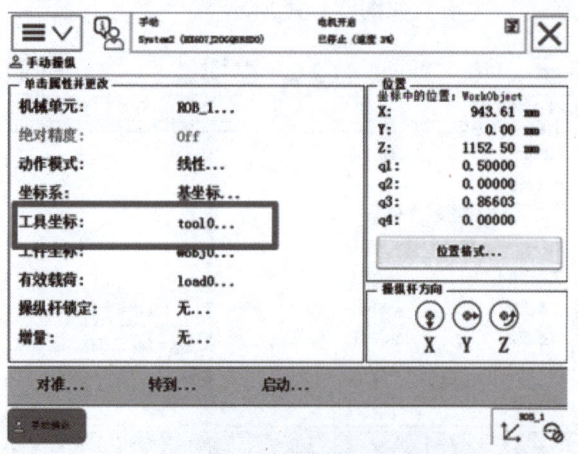

图 2-63 选择"工具坐标"选项

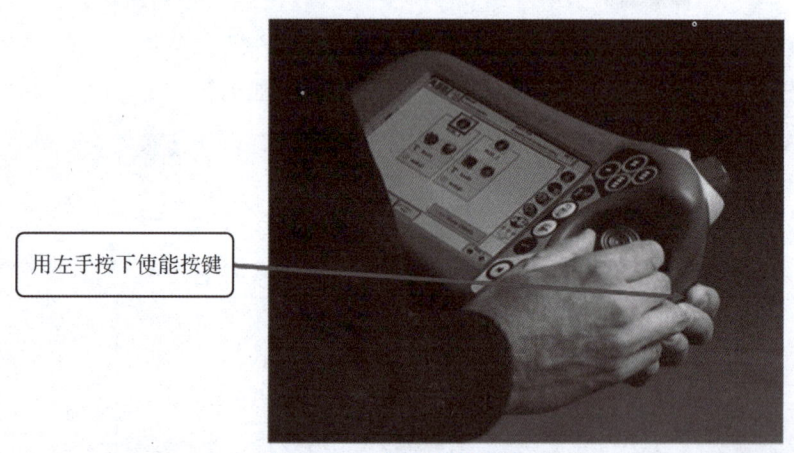

图 2-64 按下使能按键

6.选择坐标系，用左手按下使能按钮，进入"电机开启"状态

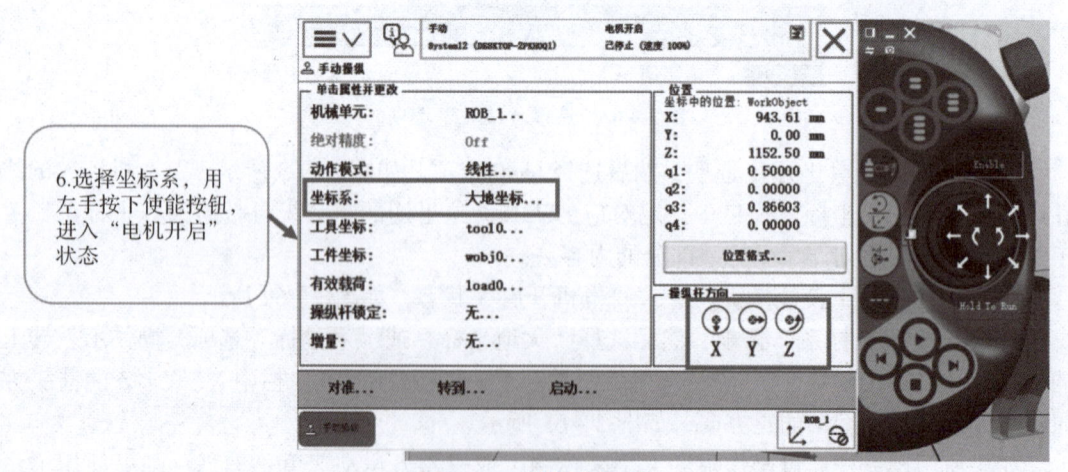

图 2-65 选择坐标系

增量模式设置步骤如下。

（1）在"手动操纵"窗口，选择"增量"选项，如图 2-66 所示。

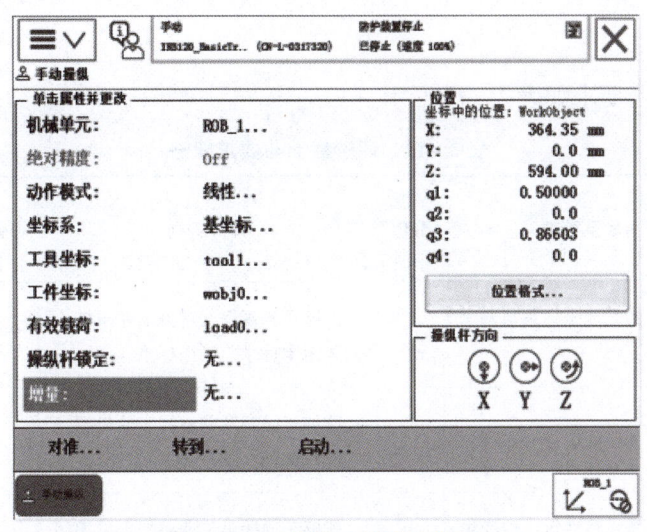

图 2-66 选择"增量"选项

（2）对照表 2-10 中增量对应位移及角度的大小，根据需要选择增量模式，然后单击"确定"按钮，如图 2-67 所示。

表 2-10 增量对应位移及角度的大小

增量模式	移动距离/mm	弧度/rad
小	0.05	0.000 5
中	1	0.004
大	5	0.009
用户	自定义	自定义

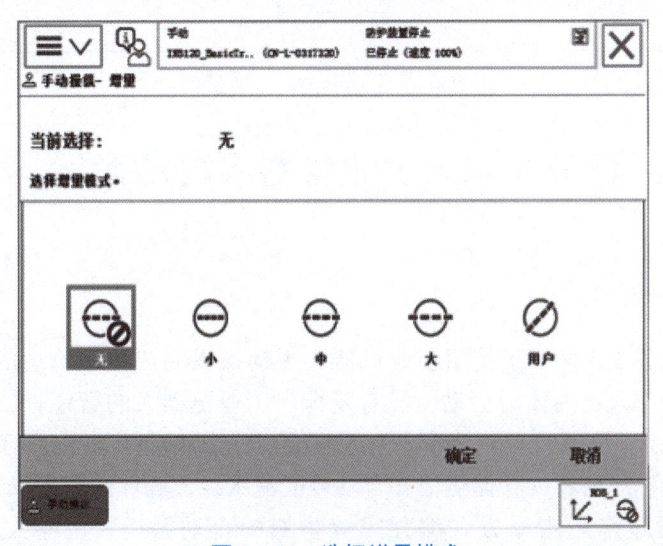

图 2-67 选择增量模式

任务评价

具体评价标准与要求如表2-11所示。

表2-11 评价标准与要求能够

评分项目	考核内容及要求	分值	评分细则	自评分	互评分	师评分
理论知识	工业机器人的大地坐标系与基坐标系	15	能够正确理解并掌握工业机器人的大地坐标系与基坐标系			
	工业机器人的线性运动	15	能够正确理解并掌握工业机器人的线性运动			
实操技能	掌握工业机器人线性运动的操纵方法	25	能够正确操纵工业机器人采用线性运动完成物块的搬运			
	掌握工业机器人线性运动中增量模式的设置	25	能够正确操纵工业机器人采用线性运动中各项增量模式完成物块的搬运			
素养目标	培养理论知识学习能力	10	能够通过自我探究学习掌握所学的理论知识			
	提升安全操作意识	10	能够安全、正确地完成工业机器人操作,不发生任何意外情况			
任务总结	(包括理论知识、实操技能、素养目标)					
总评分						

任务2.4 工业机器人自动搬运

任务描述

任务2.2及任务2.3学习了使用工业机器人手动操纵完成单个物块的简单搬运,但这样的搬运增加了操作人员的体力劳动,没有发挥出工业机器人的智能性。本任务将学习工业机器人的自动搬运,如图2-68所示。工业机器人自动搬运广泛应用于机床上下料、冲压机自动化生产线、原材料的仓储运输、自动装配流水线、码垛搬运等场景。

本任务要求通过采用指令方式编程完成物块的自动搬运,机器人自动搬运轨迹如图2-69所示。

图 2-68　工业机器人自动搬运

图 2-69　机器人自动搬运轨迹

任务目标

1. 知识目标

（1）了解并掌握工业机器人示教编程语言 RAPID 及 RAPID 程序的基本架构。
（2）了解并掌握常用的运动指令。
（3）掌握常用的 I/O 控制指令 Set、Reset 及时间等待指令 WaitTime。

2. 技能目标

（1）掌握程序的示教编写和调试。
（2）掌握通过 Set/Reset 指令实现物块的夹取与放置。

3. 素养目标

（1）培养学生热爱劳动、注重实践、热爱科学、勇于创新的精神。
（2）培养学生安全操作意识，遵守安全操作规程，能够识别潜在的安全风险和危险。

相关知识

2.4.1　ABB 机器人 RAPID 编程语言与程序的基本架构

工业机器人的编程方法主要有示教编程和离线编程。示教编程适用于

ABB 机器人 RAPID 编程语言与程序的基本架构

生产现场，通过使用工业机器人编程语言，选用适当的指令语句，通过手动操纵工业机器人到达对应的点位建立示教点，从而完成程序的编写。离线编程是借助虚拟仿真软件，不需要操纵真实的机器人，在虚拟环境下进行的工业机器人编程。本任务将介绍 ABB 机器人的 RAPID 编程语言和程序架构，并对示教编程方法、常用 RAPID 指令的使用方法以及程序调试方法进行举例说明。

1. RAPID 语言及其数据、指令、函数

（1）RAPID 语言。

RAPID 语言是一种由工业机器人厂家针对用户示教编程所开发的编程语言，其结构和风格类似 C 语言。RAPID 程序就是把一连串的 RAPID 语言人为有序地组织起来，形成应用程序。通过执行 RAPID 程序可以实现对工业机器人的操作控制。RAPID 程序可以实现操纵工业机器人运动、控制 I/O 通信、执行逻辑计算、重复执行指令等功能。不同厂家生产的工业机器人编程语言会有所不同，但实现的功能大同小异。

（2）RAPID 数据、指令和函数。

RAPID 程序的基本组成元素包括数据、指令、函数。

①RAPID 数据。

RAPID 数据是指在 RAPID 语言编程环境下定义的，用于存储不同类型数据信息的数据结构类型。在 RAPID 语言体系中，定义了上百种工业机器人可能应用的数据类型，用于存储编程需要应用的各种类型的常量和变量。同时，RAPID 语言允许用户根据这些已经定义好的数据类型，按照实际需求创建新的数据结构。

RAPID 数据按照存储类型可以分为变量（VAR）、可变量（PERS）和常量（CONTS）三大类。

变量进行定义时，可以赋予初始值，也可以不赋予初始值。在程序中遇到新的赋值语句时，当前值改变，但初始值不变，遇到指针重置后又恢复到初始值。指针重置是指程序指针（Program Pointer，PP）被人为地从一个例行程序移至另一个例行程序，或者 PP 移至主程序（main）。

在对可变量进行定义时，必须赋予初始值，在程序中遇到新的赋值语句时，当前值改变，初始值也跟着改变，即初始值可被反复修改（多用于生产计数）。

常量进行定义时，必须赋予初始值。在程序中常量是一个静态值，不能赋予新值，若想修改常量，则只能修改常量初始值。

在示教编程中常用的 RAPID 数据类型如表 2-12 所示，常用 RAPID 数据的定义和用法将不在本书进行详细介绍。

表 2-12 常用数据类型

RAPID 数据	说明
bool	布尔量
byte	整数数据 0~255
clock	计时数据

续表

RAPID 数据	说明
jointtarget	关节位置数据
loaddata	负载数据
num	数值数据
pos	位置数据（只有 X、Y 和 Z 坐标）
robjoint	机器人轴角度数据
speeddata	机器人与外轴的速度数据
string	字符串
tooldata	工具坐标数据
wobjdata	工件坐标数据

②RAPID 指令和函数。

RAPID 语言为了方便用户编程，封装了一些可直接调用的指令和函数，其本质都是一段 RAPID 程序。RAPID 语言的指令和函数多种多样，可以实现运动控制、逻辑运算、输入/输出等不同的功能。比如，运动指令可以控制工业机器人的运动，在本节中将详细介绍 MoveAbsJ、MoveJ 和 MoveL 等一些常用的运动指令。再如，逻辑判断指令可以对条件分支进行判断，实现工业机器人行为的多样化。RAPID 指令可以带有输入变量，但无返回值；与指令不同，RAPID 函数则是具有返回值的程序。

在 RAPID 语言中，定义了很多保留字，这些保留字都有特殊意义，因此不能用作 RAP-ID 程序中的标识符，即定义模块、程序、数据和标签的名称。此外，还有许多预定义数据类型名称、系统数据、指令和有返回值的程序也不能用作标识符。

除了本书中所涉及的指令与函数外，RAPID 语言所提供的其他数据、指令和函数的应用方法和功能，可以通过查阅 RAPID 指令、函数和数据类型技术参考手册进行学习。

2. RAPID 程序的架构

一台工业机器人的 RAPID 程序由系统模块与程序模块组成，每个模块中可以建立若干个程序。

通常情况下，系统模块多用于系统方面的控制，而用户只能通过新建程序模块来构建工业机器人的执行程序。工业机器人一般都自带 USER 模块与 BASE 模块两个系统模块。

工业机器人会根据用途的不同，配备相应的系统模块。建议不要对任何自动生成的系统模块进行修改。

在设计机器人程序时，可根据不同的用途创建不同的程序模块，如用于位置计算的程序模块、用于存储数据的程序模块，这样便于归类管理不同用途的例行程序与数据。

需要注意的是，在 RAPID 程序中，只有一个主程序 main，并且作为整个 RAPID 程序执行的起点，可存储于任意一个程序模块中。

每个程序模块一般都包含程序数据、程序、指令和函数 4 种对象。程序主要分为 Procedure、Function 和 Trap 三大类，如图 2-70 所示。Procedure 类型的程序没有返回值；Function 类型的程序有特定类型的返回值；Trap 类型的程序称为中断例行程序，它和某个特定中断连接，一旦中断条件满足，机器人将转入中断处理程序。

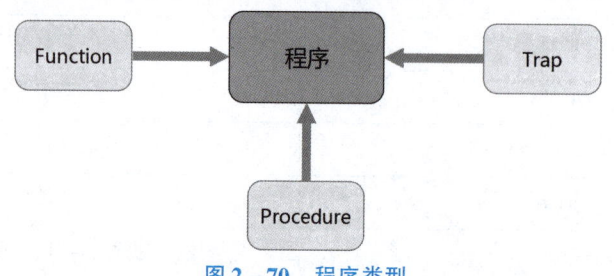

图 2-70 程序类型

2.4.2 ABB 机器人运动指令的使用及各参数含义

ABB 机器人运动指令分为 4 种，分别为关节运动指令（MoveJ 指令）、直线运动指令（MoveL 指令）、圆弧运动指令（MoveC 指令）和绝对位置运动指令（MoveAbsJ 指令）。

1. MoveJ 指令

机器人以最快捷的方式运动至目标点，其运动状态不完全可控，但运动路径保持唯一。MoveJ 指令常用于机器人在空间大范围移动，如图 2-71 所示。

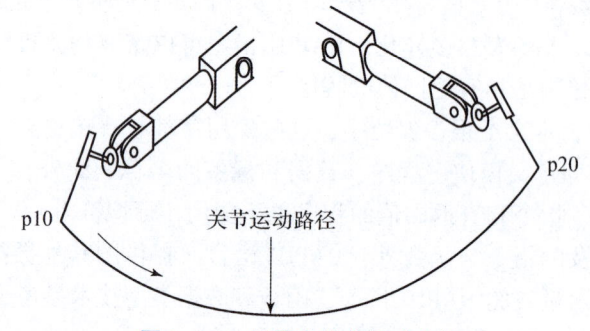

图 2-71 机器人关节运动路径

MoveJ 指令是在对运动路径精度要求不高的情况下，机器人的 TCP 从一个位置移动到另一个位置，两个位置之间的路径不一定是直线，如图 2-72 所示。

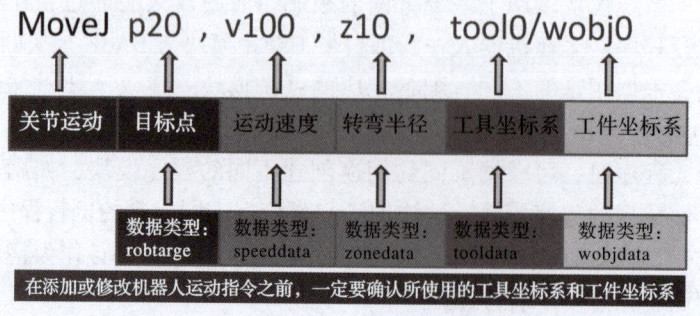

图 2-72 MoveJ 指令用法

MoveJ 指令参数说明如表 2-13 所示。

表 2-13 MoveJ 指令参数说明

序号	参数	说明
1	MoveJ	指令名称：关节运动
2	p20	目标点：数据类型为 robtarget，机器人和外部轴的目标点
3	v100	运动速度：数据类型为 speeddata，定义运动速度（单位为 mm/s）
4	z10	转弯半径：数据类型为 zonedata，定义转弯区的大小（单位为 mm）。转弯区数据越大，机器人的动作就越圆滑与流畅；当机器人动作有所停顿后再向下运动时，如果目标点是一段路径的最后一个点，转弯半径一定要为 fine 指令
5	tool0	工具坐标系：数据类型为 tooldata，机器人移动时正在使用的工具
6	wobj0	工件坐标系：数据类型为 wobjdata，指令中机器人位置关联的工件坐标系

2. MoveL 指令

机器人以线性方式运动至目标点，当前点与目标点两点决定一条直线时，机器人运动状态可控，运动路径保持唯一，但可能出现死点。MoveL 指令常用于机器人在工作状态下的移动，如图 2-73 所示。

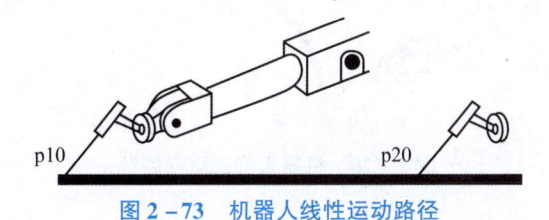

图 2-73 机器人线性运动路径

线性运动是指机器人的 TCP 从起点到终点之间的路径始终保持直线。MoveL 指令用法如图 2-74 所示，一般该指令应用在如焊接、涂胶等对路径要求高的场合。

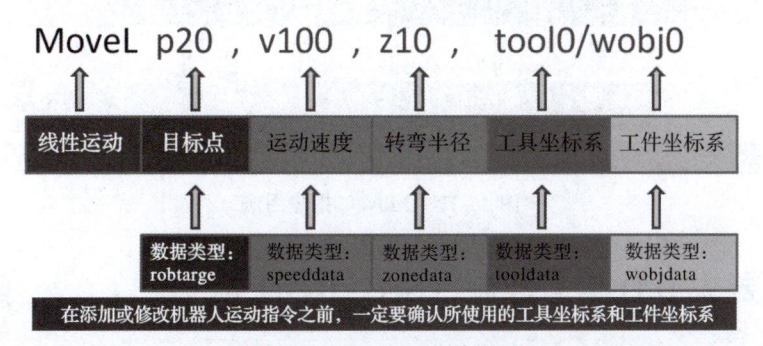

图 2-74 MoveL 指令用法

3. MoveAbsJ 指令

MoveAbsJ 指令可使机器人以单轴运动的方式运动至目标点，绝对不存在死点，但同时机器人运动状态完全不可控，因此应避免在正常生产中使用此指令。MoveAbsJ 指令用法如图 2-75 所示，该指令常用于检查机器人零点位置。

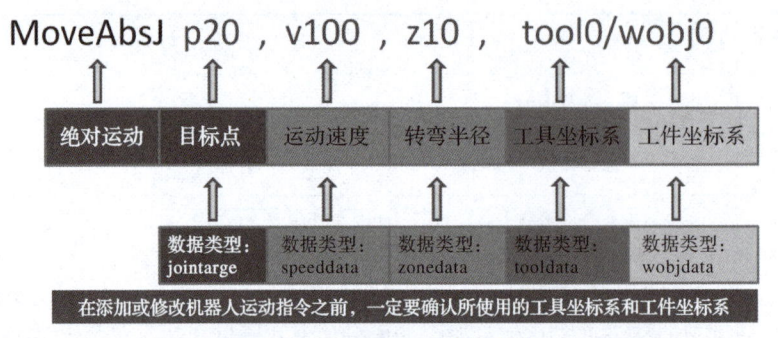

```
MoveAbsJ  p20 ,  v100 ,  z10 ,  tool0/wobj0
     ↓      ↓      ↓      ↓        ↓
  绝对运动  目标点  运动速度  转弯半径  工具坐标系  工件坐标系
            ↑      ↑      ↑        ↑        ↑
         数据类型： 数据类型： 数据类型： 数据类型： 数据类型：
         jointarge speeddata zonedata toolddata wobjdata
         在添加或修改机器人运动指令之前，一定要确认所使用的工具坐标系和工件坐标系
```

图 2-75　MoveAbsJ 指令用法

4. MoveC 指令

MoveC 指令可使机器人通过中间点以圆弧方式移动至目标点，当前点 p10、中间点 p30 与目标点 p40 三点决定一段圆弧，机器人运动状态可控，运动路径保持唯一，如图 2-76 所示。该指令常用于场景为做圆弧运动、精细操作以及路径规划。MoveC 指令用法如图 2-77 所示。

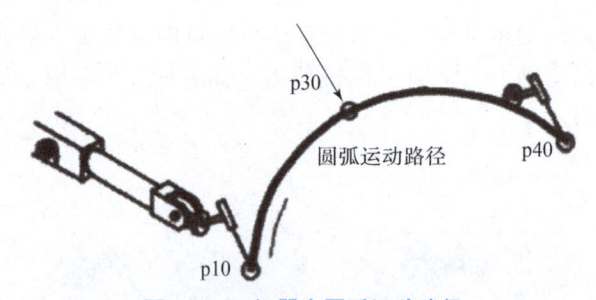

图 2-76　机器人圆弧运动路径

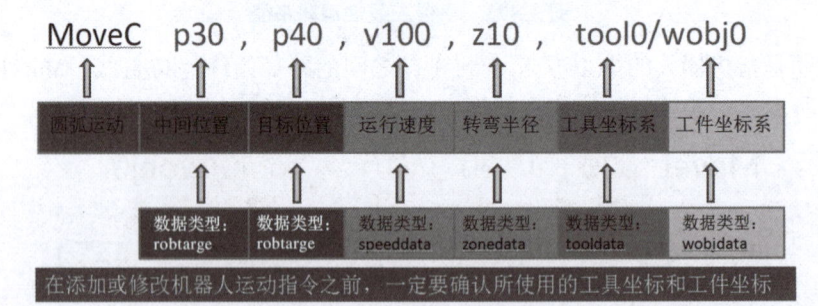

```
MoveC  p30 ,  p40 ,  v100 ,  z10 ,  tool0/wobj0
   ↓     ↓     ↓      ↓      ↓        ↓
 圆弧运动 中间位置 目标位置 运行速度 转弯半径 工具坐标系 工件坐标系
         ↑     ↑      ↑      ↑        ↑        ↑
      数据类型： 数据类型： 数据类型： 数据类型： 数据类型： 数据类型：
      robtarge robtarge speeddata zonedata toolddata wobjdata
      在添加或修改机器人运动指令之前，一定要确认所使用的工具坐标和工件坐标
```

图 2-77　MoveC 指令用法

2.4.3　机器人 I/O 信号控制（Set，Reset 指令）

在任务 2.1 中学习了夹爪信号的配置及快捷键的使用。本节将学习如何使用这些信号完成物块的搬运，即学习 I/O 控制指令。I/O 控制指令用于控制 I/O 信号，以达到机器人与周边设备进行通信的目的。

机器人 I/O 信号控制
（Set，Reset 指令）

1. 数字信号置位指令 Set

数字信号置位指令 Set 用于将 DO 置位为 1。指令解析如表 2-14 所示。

表 2-14 指令解析

参数	含义
DO9	数字输出信号（夹爪控制）

任务实施

（1）单击 ABB 主菜单按钮，选择"控制面板"→"ProgKeys"选项，单击"按键1输出"标签，如图 2-78 所示。

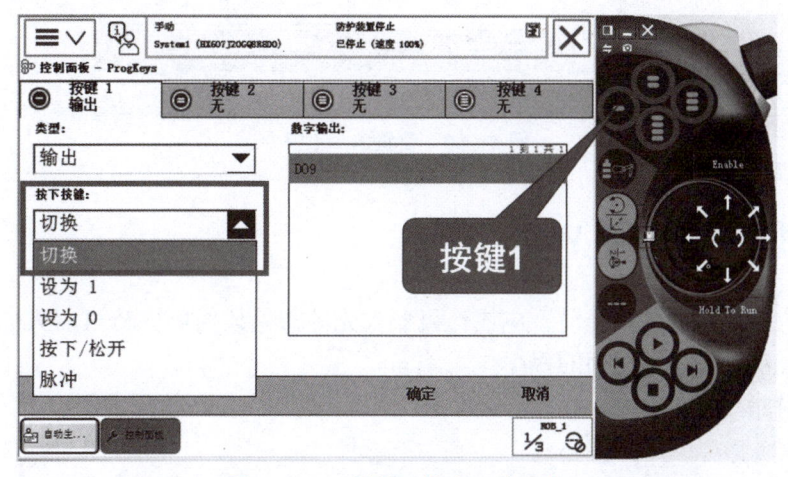

图 2-78 "按键1输出"选项卡

（2）选择"添加指令"选项，在"Common"选项组中选择"Set"选项，运行程序，夹爪夹紧，如图 2-79 所示。

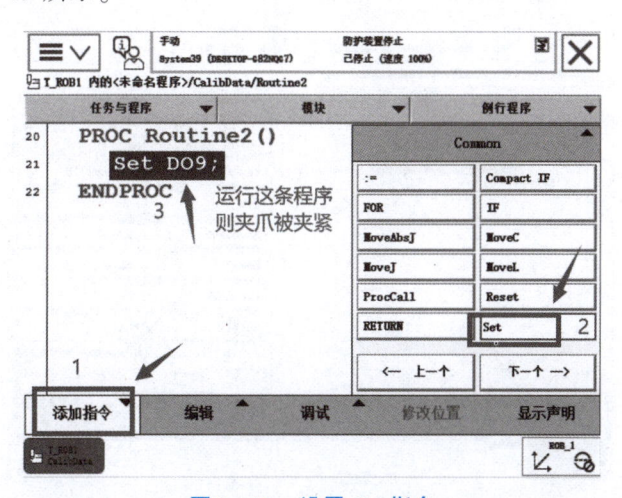

图 2-79 设置 Set 指令

2. 数字信号复位指令 Reset

数字信号复位指令 Reset 用于将 DO 置位为 0。

设置方法参考上文 Set 指令设置方法，如图 2-80 所示。

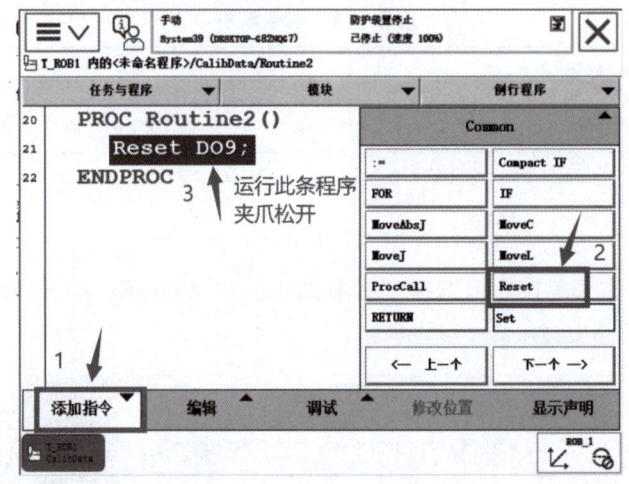

图 2-80　设置 Reset 指令

2.4.4　时间等待指令 WaitTime

在机器人夹紧或松开物块前，应该让机器人先等待一段时间，待机器人完全夹紧或松开物块后再让机器人运行后面的程序。

时间等待指令 WaitTime，用于程序在等待一个指定的时间以后，再继续向下执行。

任务实施

（1）选择"添加指令"选项，在"Common"选项组中单击"下一个"按钮，如图 2-81 所示。

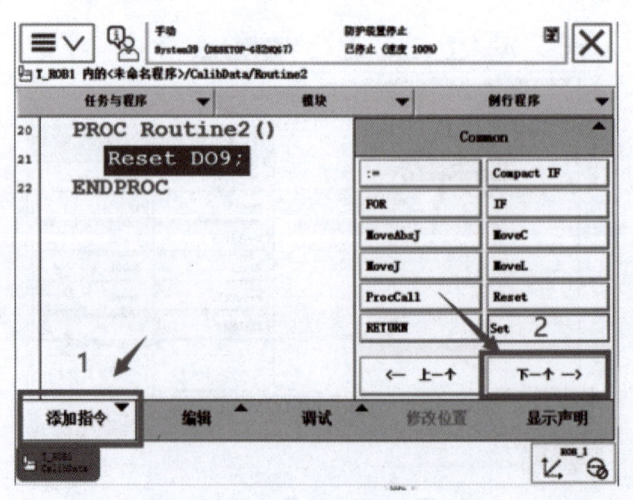

图 2-81　选择"添加指令"选项

(2）选择 WaitTime 选项，如图 2-82 所示。

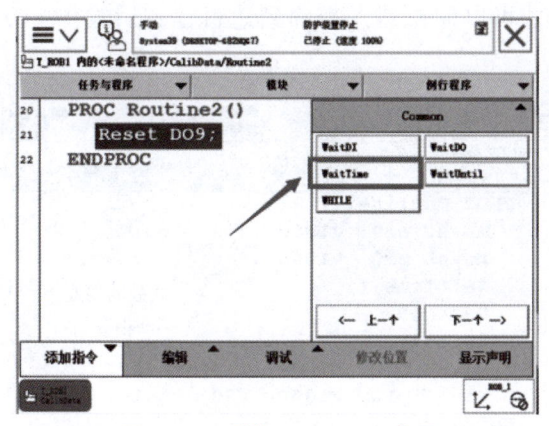

图 2-82　选择 WaitTime 选项

(3）修改等待时间，如图 2-83 所示。

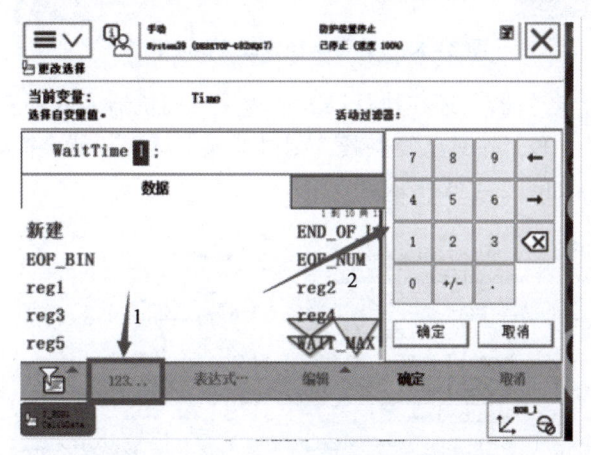

图 2-83　修改等待时间

(4）在机器人夹紧或松开前都应添加等待时间，本任务等待时间为 1 s，如图 2-84 所示。

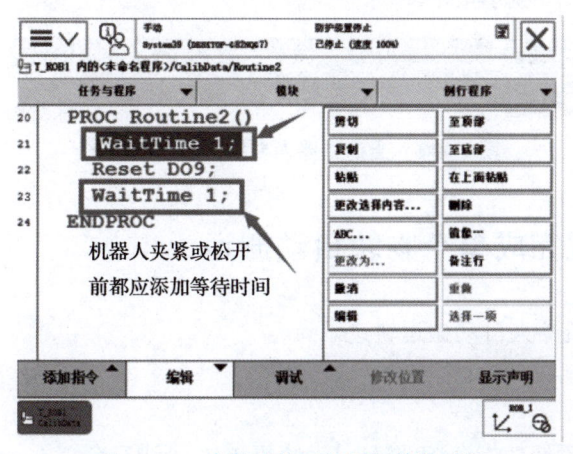

图 2-84　夹紧或松开前添加等待时间

（5）如果在 Set/Reset 指令前有运动指令 MoveJ、MoveL、MoveC、MoveAbsJ 的转弯区数据，必须使用 fine 指令才可以使机器人准确到达目标点后输出 I/O 信号状态的变化，如图 2-85 所示。

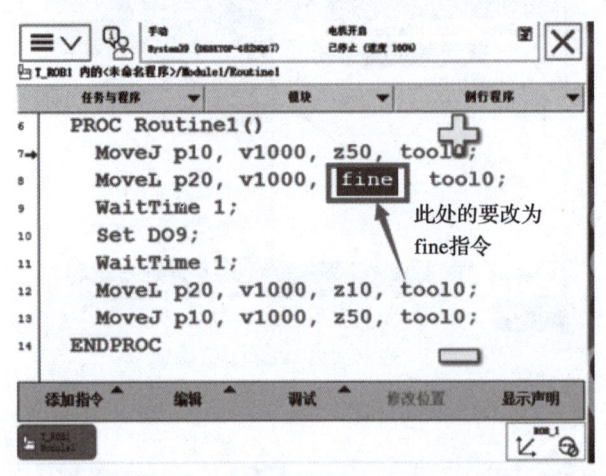

图 2-85 转弯半径修改为 fine 指令

（6）运行程序时，若机器人还在执行第 8 条程序，而机器人内部 CPU 已经预读了第 10 条程序，即执行了 Set DO9，夹具已经夹紧，则机器人继续运行就会撞到物块，因为夹物块前夹具是不能夹紧的，如图 2-86 所示。

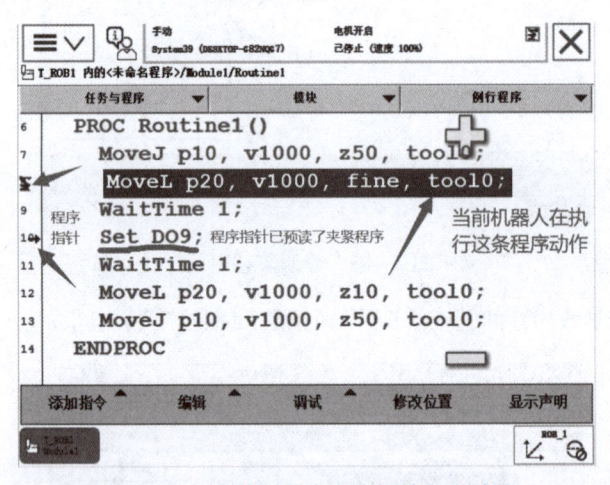

图 2-86 当前机器人在执行的程序动作

2.4.5 指令编程完成单个物块自动搬运

图 2-87 所示为机器人自动搬运轨迹。

任务实施

（1）添加绝对位置运动指令 MoveAbsJ，使机器人回到安全点 home 点，选中 home，单击"修改位置"按钮对 home 点进行示教，如图 2-88 所示。

图 2-87　机器人自动搬运轨迹

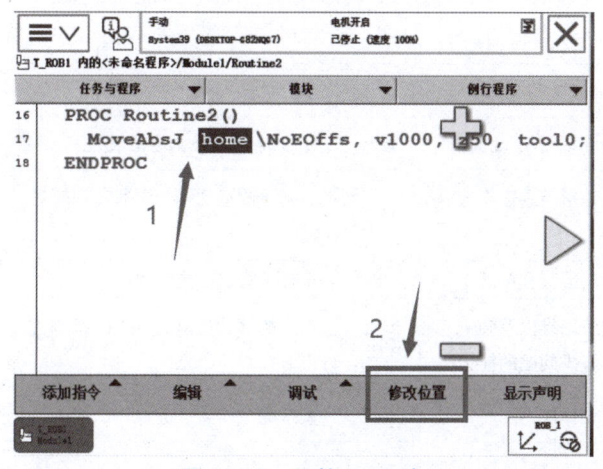

图 2-88　示教 home 点

（2）物块搬运程序如图 2-89 所示，其中 p20 为物块的夹取点，p10 在 p20 正上方 50 mm 处；p40 为物块的放置点，p30 在 p40 正上方 50 mm 处。

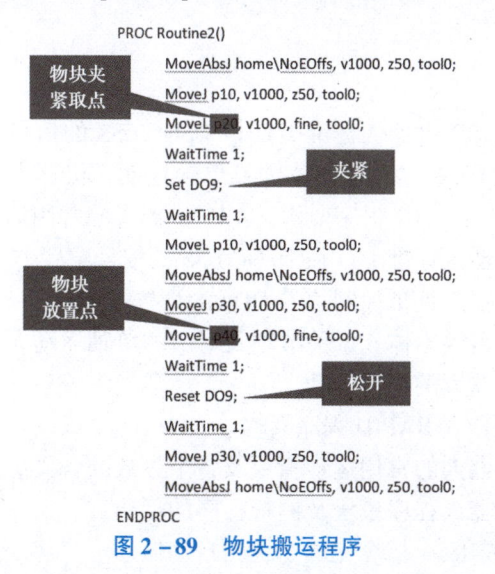

```
PROC Routine2()
    MoveAbsJ home\NoEOffs, v1000, z50, tool0;
    MoveJ p10, v1000, z50, tool0;
    MoveL p20, v1000, fine, tool0;
    WaitTime 1;
    Set DO9;
    WaitTime 1;
    MoveL p10, v1000, z50, tool0;
    MoveAbsJ home\NoEOffs, v1000, z50, tool0;
    MoveJ p30, v1000, z50, tool0;
    MoveL p40, v1000, fine, tool0;
    WaitTime 1;
    Reset DO9;
    WaitTime 1;
    MoveJ p30, v1000, z50, tool0;
    MoveAbsJ home\NoEOffs, v1000, z50, tool0;
ENDPROC
```

（物块夹紧取点　夹紧　物块放置点　松开）

图 2-89　物块搬运程序

任务评价

具体评价标准与要求如表 2-15 所示。

表 2-15 评价标准与要求

评分项目	考核内容及要求	分值	评分细则	自评分	互评分	师评分
理论知识	ABB 机器人 RAPID 程序的基本组成和架构	15	掌握 ABB 机器人 RAPID 程序的基本组成和架构			
	机器人常用的运动指令	15	正确认识机器人常用的运动指令 MoveAbsJ、MoveJ、MoveC、MoveL 的使用及各参数的含义			
	机器人 WaitTime 指令	10	掌握机器人 WaitTime 指令			
实操技能	正确完成 Set/Reset 指令设置	15	完成 Set/Reset 指令的设置			
	能通过更改运动指令参数实现轨迹逼近	15	正确更改运动指令参数实现轨迹逼近			
	掌握程序的示教编写和调试	10	正确编写自动搬运程序			
素养目标	培养学生的创新思维以及独立思考、发现问题、解决问题的能力	10	学生能够通过前面所学的案例进行思考,举一反三			
	培养实践动手操作能力	10	具备完成实践任务操作的能力			
任务总结	(包括理论知识、实操技能、素养目标)					
总评分						

项目小结

本项目详细介绍了 ABB 机器人标准 I/O 板 DSQC 652 的信号配置,夹爪控制信号 DO9 的配置及测试,ABB 机器人本体 6 个关节轴及单轴运动,机器人大地坐标系、基坐标系的定义及应用,ABB 机器人 RAPID 程序架构,ABB 机器人的常用运动指令等知识与应用。

(1) 介绍了 ABB 机器人标准 I/O 板 DSQC 652 的信号配置方法。
(2) 介绍了 ABB 机器人夹爪控制信号 DO9 的配置及测试。
(3) 讲解了 ABB 机器人本体 6 个关节轴及对应的单轴运动。
(4) 介绍了 ABB 机器人的线性运动。
(5) 介绍了 ABB 机器人 RAPID 程序架构。
(6) 讲解了 ABB 机器人的常用运动指令及各个参数的含义。
(7) 介绍了 ABB 机器人程序模块及例行程序的创建。
(8) 讲解了使用 Set/Reset 指令完成物块的自动搬运。

项目 3

工业机器人涂胶应用

项目介绍

随着汽车工业的不断发展,涂胶技术在汽车制造方面的应用越来越广泛,许多传统的人工手动涂胶的工序被机器人自动化施工所代替。涂胶工序直接关系到车身的密封防漏、耐蚀防锈、隔热降噪、外表美观,因此涂胶工艺有着严格的要求。工业机器人涂胶应用具有防尘防水、可离线编程、漆膜性能稳定、喷涂功率高等优势。这些优势使涂胶机器人在面对复杂、精细的涂胶任务时,能够展现出卓越的性能和稳定性。

任务 3.1 涂胶工具设定

图 3-1 所示为机器人 TCP 的移动。

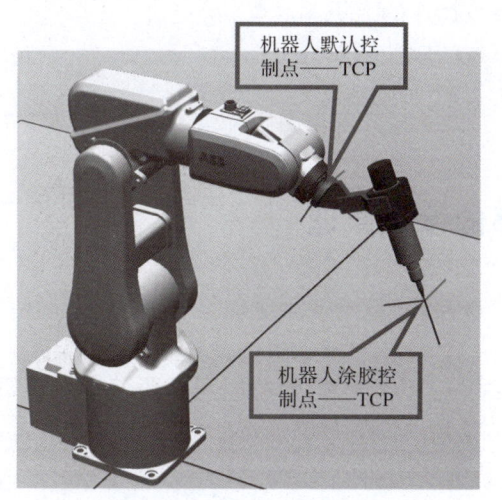

图 3-1 机器人 TCP 的移动

任务描述

本任务要求通过 4 点法完成机器人涂胶过程中工具坐标系的设定,如图 3-2 所示,再由重定位运动完成对工具坐标系的测试。

图 3-2　工具坐标系的设定

任务目标

1. 知识目标

（1）掌握工具坐标系的含义及设定工具坐标系的原因。
（2）掌握重定位运动的含义。

2. 技能目标

（1）掌握工具坐标系的设定。
（2）掌握利用重定位完成工具坐标系的测试。

3. 素养目标

（1）增强学生安全规范操作的意识。
（2）提升学生严谨细致的职业素养。

相关知识

3.1.1　工具坐标系的设定原理

工具坐标系的设定原理

（1）直接输入法（不推荐使用）：常用于已知且规则的工具，可直接进行测量并输入相关数据。

（2）工具校验法（常用）：以一个精确的固定点为参考点，机器人以几种不同的姿态使工具 TCP 尽可能接近参考点，如图 3-3 所示。机器人根据不同姿态参数进行计算，生成的数据将保存在 tooldata 中。

TCP 取点数量小知识如下。

（1）4 点法：不改变 tool0 的坐标轴方向。
（2）5 点法：改变 tool0 的 Z 轴方向。
（3）6 点法：改变 tool0 的 X 轴和 Z 轴方向。适用性广且精确，在焊接应用中经常使用。

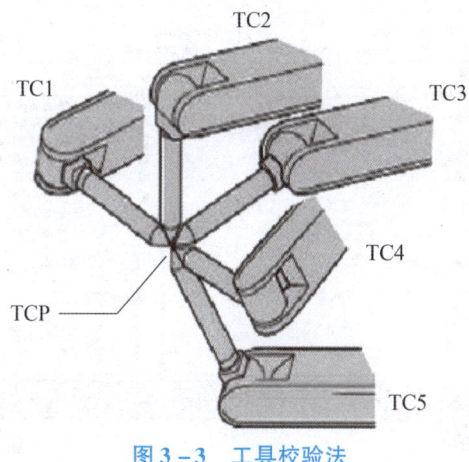

图 3-3 工具校验法

3.1.2 工具坐标系的测试

当工具坐标系设定完成后,需要对工具坐标系进行测试,测试设定是否正确,以免影响后续使用。工具坐标系的测试需要机器人的重定位运动操作,那什么是重定位运动操作呢?

重定位运动是指机器人工具坐标系的 TCP 在空间中绕着坐标轴旋转的运动,也可以理解为机器人绕着 TCP 做姿态调整的运动,如图 3-4 所示。

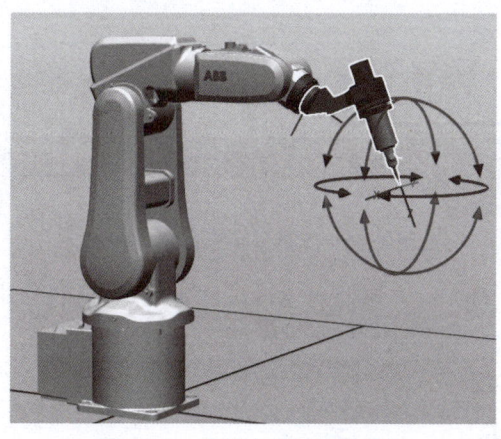

图 3-4 机器人的重定位运动

任务实施

本任务选用基于瑞士 ABB 公司 IRB1410 机器人本体的 A01 型基础教学工作站实现机器人涂胶过程中工具坐标系的设定和测试。

1. 工具坐标系的设定

(1)单击 ABB 主菜单按钮,选择"手动操纵"选项,进入"手动操纵"窗口后选择"工具坐标"中的 tool0 选项,如图 3-5 所示。

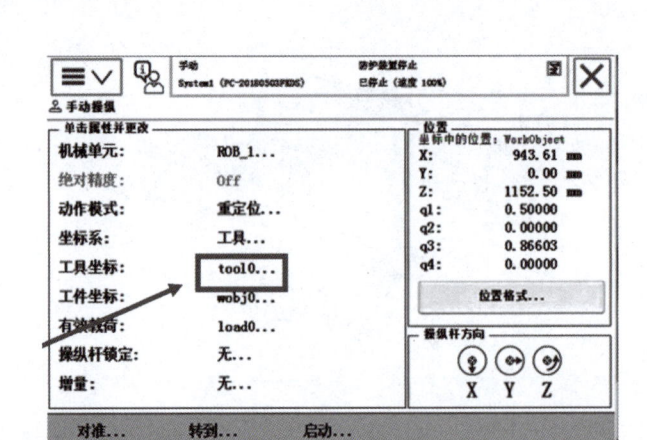

图 3-5　工具坐标系设定步骤 1

(2) 此处显示系统默认 tool0，单击"新建"按钮，创建 MyTool，如图 3-6 所示。

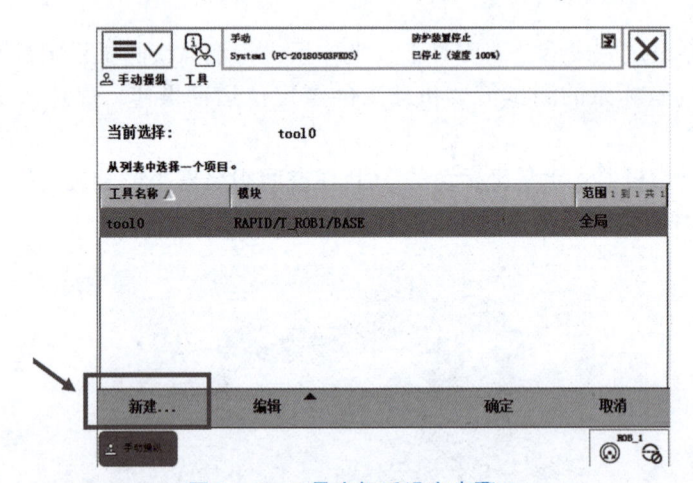

图 3-6　工具坐标系设定步骤 2

(3) 选择新建的工具 MyTool，选择"编辑"→"定义"选项，如图 3-7 所示。

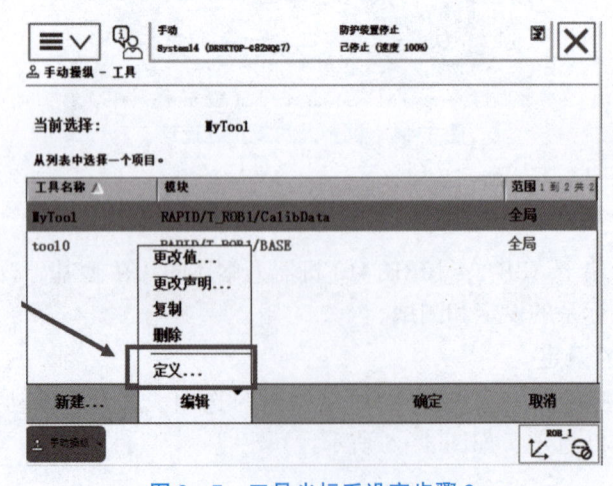

图 3-7　工具坐标系设定步骤 3

(4) 在"工具坐标定义"窗口中，选择适合的校正方式，此处展示 4 点法定义，即以一个固定的点（顶针）作为参考点，并调整机器人的 TCP 以 4 种不同的姿态靠近该点，靠近后单击"修改位置"按钮完成该姿态数据的保存，如图 3-8 所示。

注意：4 种姿态的差别应尽可能大，更有利于提高校准 TCP 的精确性。

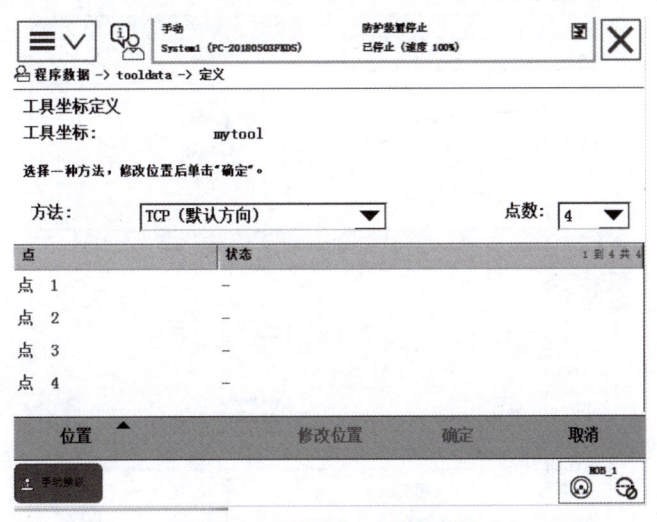

图 3-8　工具坐标系设定步骤 4

(5) 选择新建的工具 MyTool，选择"编辑"→"更改值"选项，如图 3-9 所示。

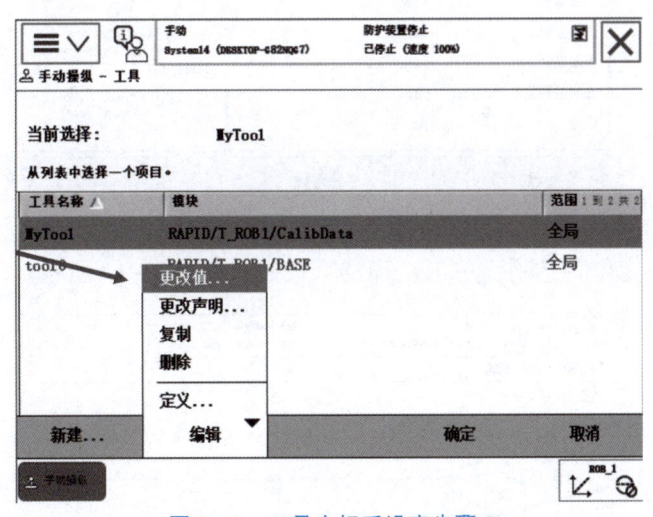

图 3-9　工具坐标系设定步骤 5

(6) 更改机器人工具质量数据 mass，单位为 kg，根据实际情况进行输入设置（不能为负数）；更改工具的重心数据 cog、x、y、z（不能为负数）；更改完成后单击"确定"按钮，工具坐标系即设定完成，如图 3-10 所示。

2. 工具坐标系测试

(1) 单击 ABB 主菜单按钮，选择"动作模式"选项，如图 3-11 所示。

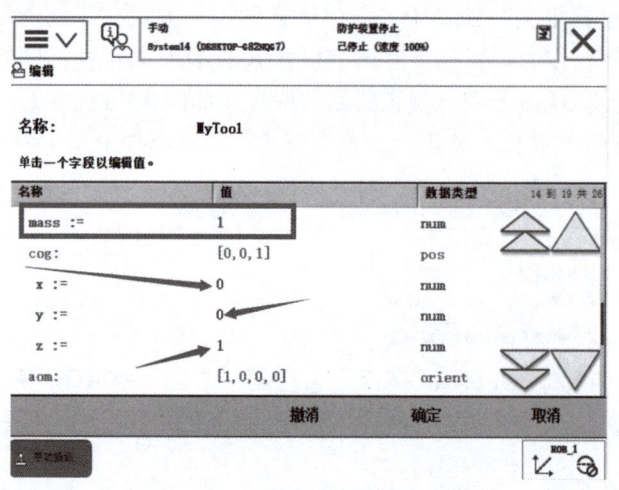

图 3-10　工具坐标系的设定步骤 6

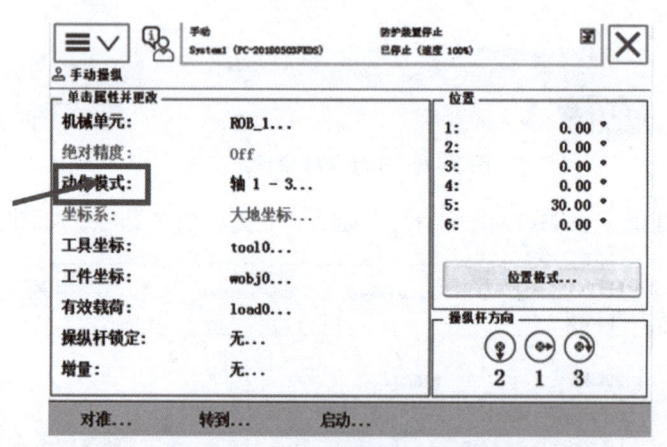

图 3-11　工具坐标系测试步骤 1

(2) 选择"重定位"选项，单击"确定"按钮，如图 3-12 所示。

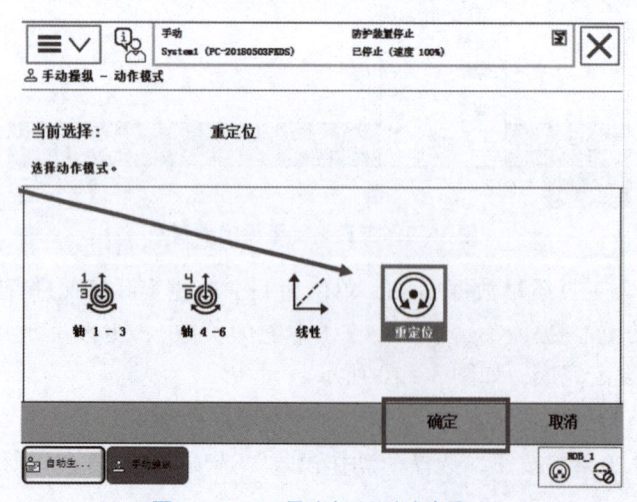

图 3-12　工具坐标系测试步骤 2

(3) 选择"坐标系"选项，如图 3–13 所示。

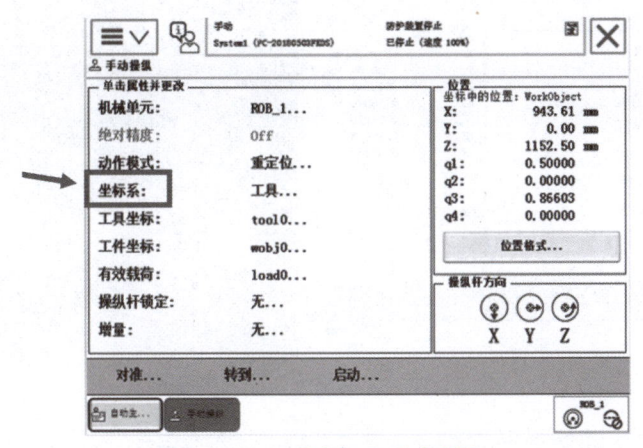

图 3–13　工具坐标系测试步骤 3

(4) 选择"工具"选项，单击"确定"按钮，如图 3–14 所示。

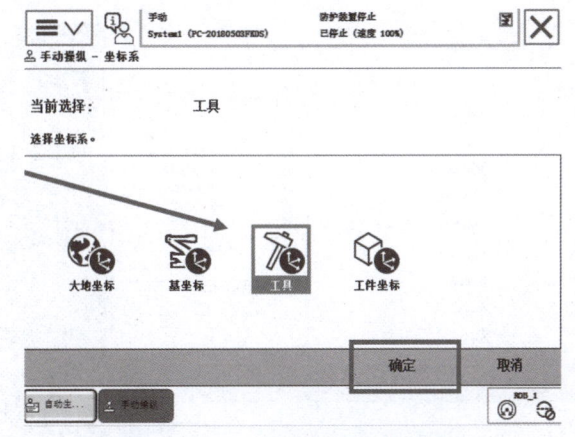

图 3–14　工具坐标系测试步骤 4

(5) 用左手按下使能按键，进入"电机开启"状态，如图 3–15 所示。

图 3–15　工具坐标系测试步骤 5

(6) 操作示教器上的操纵杆，机器人绕着 TCP 做姿态调整的运动，"操纵杆方向"栏中 X、Y、Z 的箭头方向代表各个坐标轴运动的正方向，如图 3–16 所示。

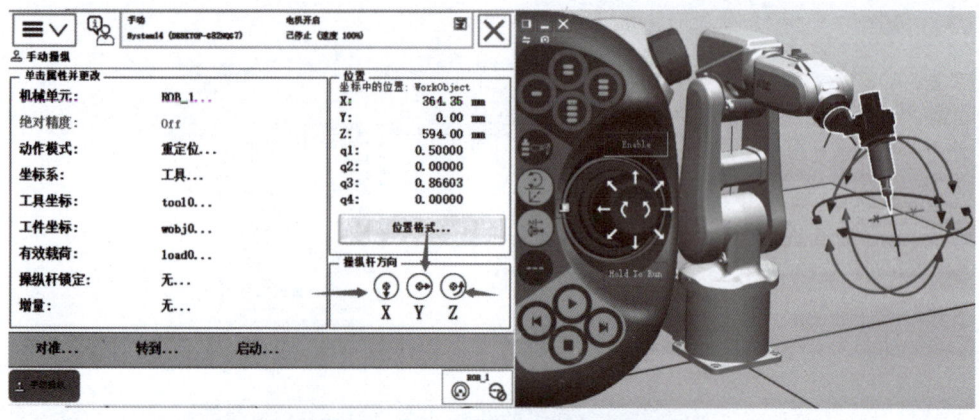

图 3 – 16　工具坐标系测试步骤 6

3. 重定位运动快速切换

（1）为了更好地使机器人切换到重定位运动，ABB 示教器设置了快捷键，如图 3 – 17 所示，当按下此键时，机器人处于重定位运动模式。

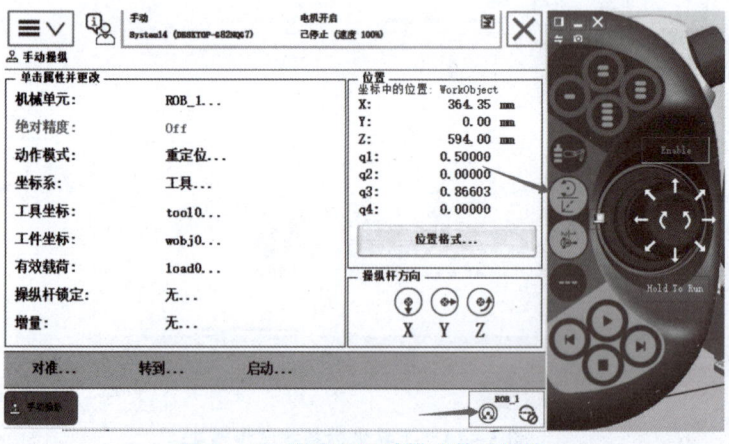

图 3 – 17　重定位运动模式快速切换

（2）当再次按下此快捷键时，机器人处于线性运动模式，如图 3 – 18 所示。

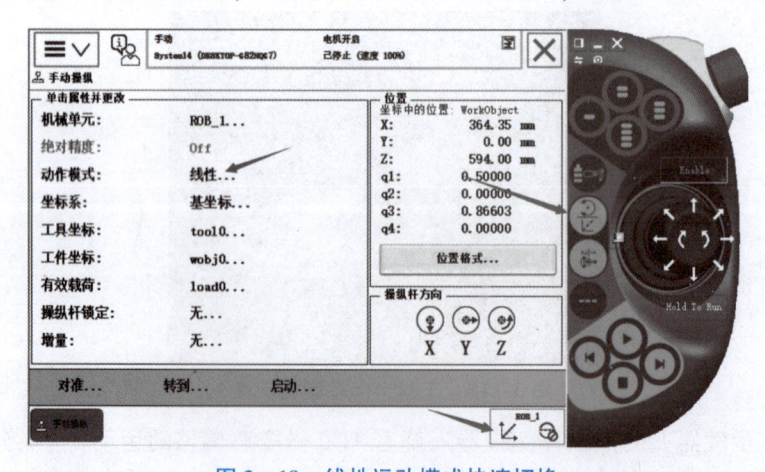

图 3 – 18　线性运动模式快速切换

任务评价

具体评价标准与要求如表 3-1 所示。

表 3-1　评价标准与要求

评分项目	考核内容及要求	分值	评分细则	自评分	互评分	师评分
理论知识	工具坐标系的定义	10	熟悉工具坐标系的定义			
	设置工具坐标系的原因	10	了解设置工具坐标系的原因			
	重定位运动的定义	10	熟悉重定位运动的定义			
实操技能	掌握工具坐标系的设定	30	能够正确设定工具坐标系			
	利用重定位运动完成工具坐标系的测试	20	能够正确利用重定位运动完成工具坐标系的测试			
素养目标	增强团队协作意识	10	能与各个成员分工协作、积极参与			
	提升程序调试能力	10	能够完成程序调试，实现最终效果			
任务总结	（包括理论知识、实操技能、素养目标）					
总评分/分						

任务 3.2　涂胶指令及涂胶实训

图 3-19 所示为机器人涂胶操作。

图 3-19　机器人涂胶操作

任务描述

本任务要求使用常见的运动指令，通过 ABB 机器人编程实现三角形和圆形轨迹的涂胶任务，轨迹如图 3-20 所示。

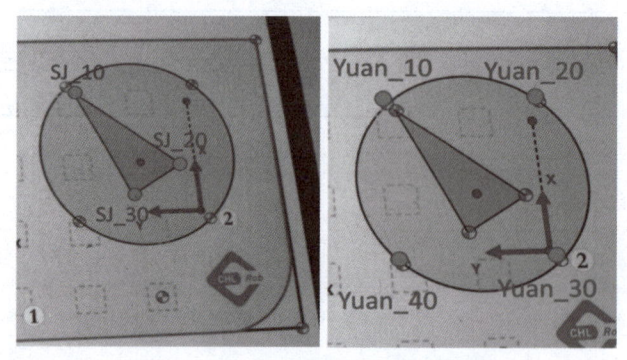

图 3-20 三角形和圆形涂胶轨迹

任务目标

1. 知识目标

（1）掌握 ABB 机器人的程序结构。

（2）掌握 ABB 机器人常用运动指令及各个参数的含义。

2. 技能目标

（1）熟练掌握 ABB 机器人程序模块及例行程序的创建。

（2）掌握 ABB 机器人常用运动指令的使用及各个参数的设置。

3. 素养目标

（1）机器人程序结构及运动指令格式是标准的，不能随意更改。

（2）引导学生树立标准意识和规范意识，加强学生的职业规范教育。

相关知识

1. ABB 机器人程序结构

在学习完工具坐标系的设置后，即可进行机器人涂胶的编程。编程前首先要先学习 ABB 机器人的程序结构框架。

在 ABB 机器人中，机器人所运行的程序称为 RAPID，RAPID 下面又划分了任务，任务下面又划分了模块。模块是机器人程序与数据的载体，可分为系统模块与任务模块，各个模块下面又分很多例行程序，如图 3-21 所示。

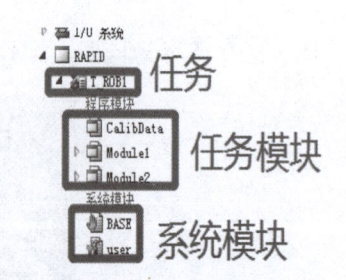

图 3-21 ABB 机器人的程序结构框架

这个模块、例行程序又如何理解呢？以学生的信息注册为例（见图 3-22），讲解什么是模块和例行程序。

可以把学生信息注册看成一个任务,要注册学号首先应该先注册学院或系(这就是新建模块),注册完学院后要注册班级(这就是新建例行程序),注册完班级后就可以在这个班级里面填写学生的相关信息(在例行程序里面编写机器人程序)。

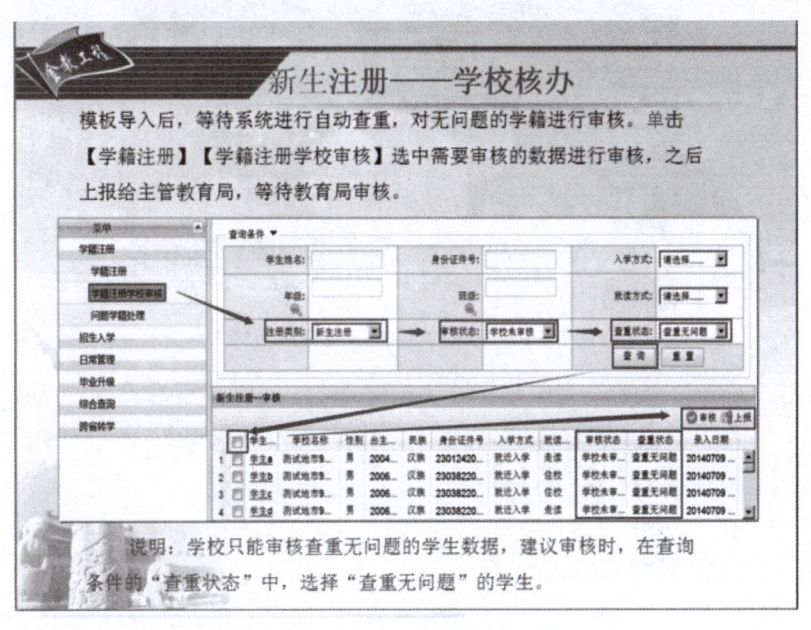

图 3-22 学生信息注册举例

2. 新建机器人涂胶程序

(1)单击 ABB 主菜单按钮,选择"程序编辑器"选项,如图 3-23 所示。

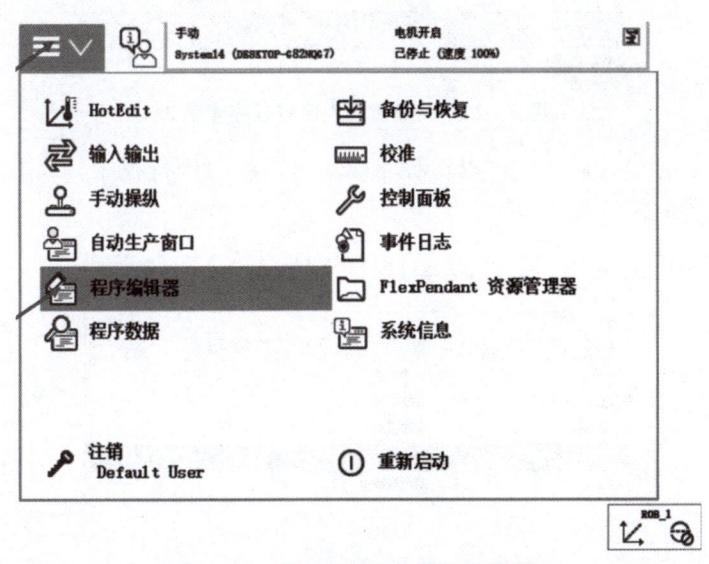

图 3-23 新建机器人涂胶程序步骤 1

(2)选择"文件"→"新建模块"选项,如图 3-24 所示,也可用现有的程序模块,注意不要随意更改系统模块。

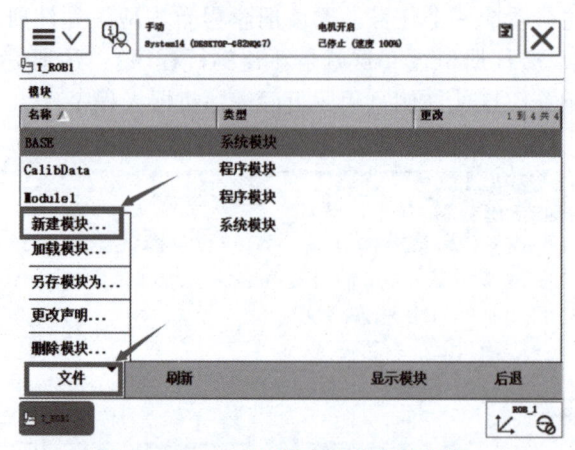

图 3－24　新建机器人涂胶程序步骤 2

（3）单击"确定"按钮，完成程序模块 Module2 的创建，如图 3－25 所示。

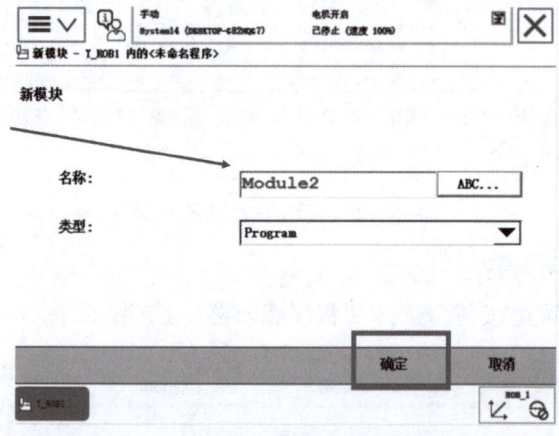

图 3－25　新建机器人涂胶程序步骤 3

（4）创建完程序模块后，就可以在程序模块里面新建例行程序，双击 Module2 程序模块，如图 3－26 所示。

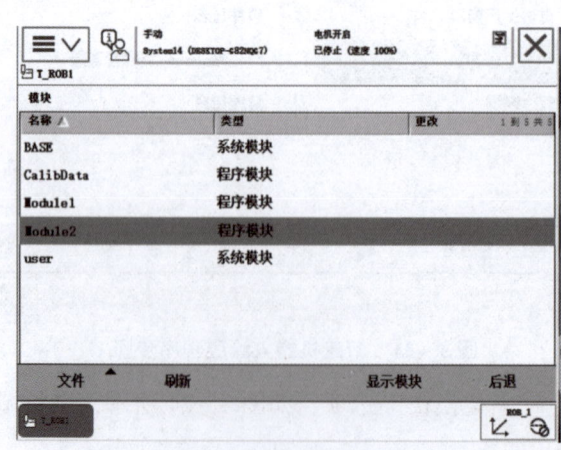

图 3－26　新建机器人涂胶程序步骤 4

（5）由于 Module2 程序模块是新建的，所以该模块里面没有任何例行程序。单击"例行程序"按钮，如图 3 – 27 所示。

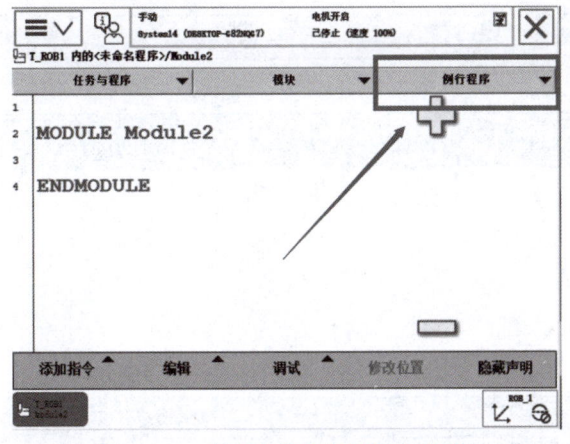

图 3 – 27　新建机器人涂胶程序步骤 5

（6）选择"文件"→"新建例行程序"选项，如图 3 – 28 所示。

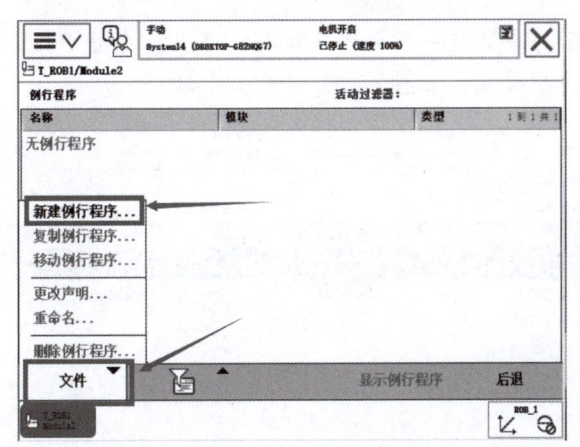

图 3 – 28　新建机器人涂胶程序步骤 6

（7）单击 ABC 按钮修改例行程序名称，单击"确定"按钮，如图 3 – 29 所示。

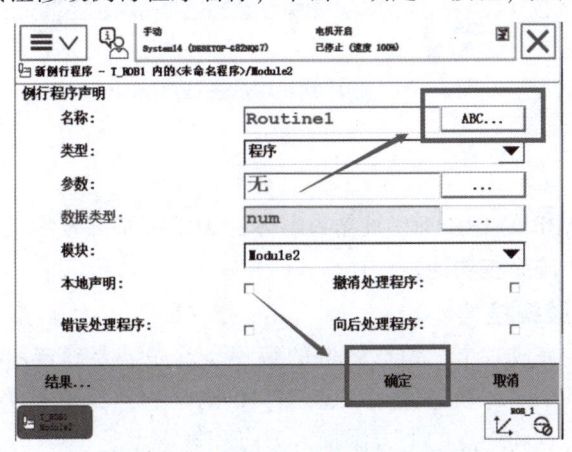

图 3 – 29　新建机器人涂胶程序步骤 7

（8）此时完成了例行程序 Routine1 的创建，例行程序 Routine1 属于 Module2 模块，如图 3-30 所示。

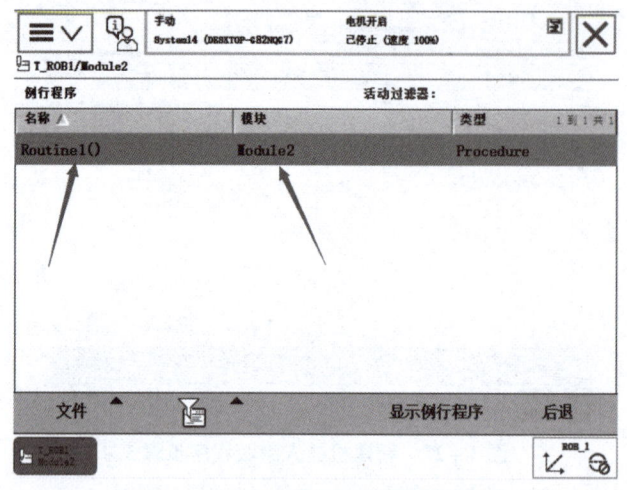

图 3-30　新建机器人涂胶程序步骤 8

注意：在 RAPID 程序中只有一个主程序 main，并且可存储于任意一个程序模块中，作为整个 RAPID 程序执行的起点，如图 3-31 所示。

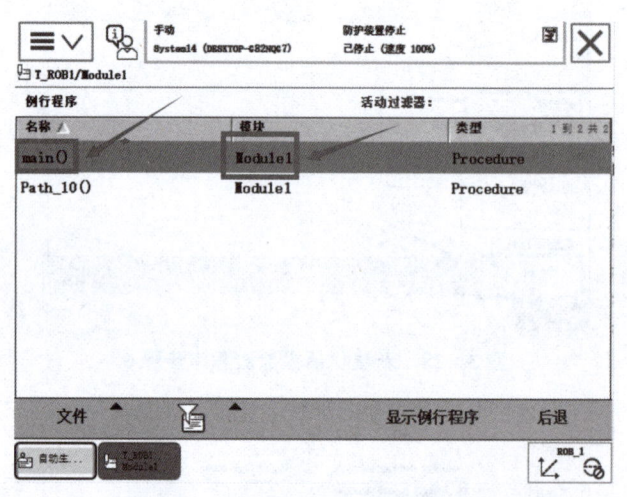

图 3-31　程序模块中的主程序 main

任务实施

本任务选用基于 ABB 的 IRB1410 机器人本体的 A01 型基础教学工作站实现三角形和圆形轨迹涂胶功能。

任务实施

1. 三角形轨迹涂胶编程

如图 3-32 所示，完成一个三角形轨迹的编程。首先需要确定示教点，即三角形 3 个点的位置和名称。对一个闭环轨迹来说，点 SJ_10 既是起点，也是终点，完成一个（段）轨迹的加工，需要在起点和终点的上方添加入刀点和规避点。

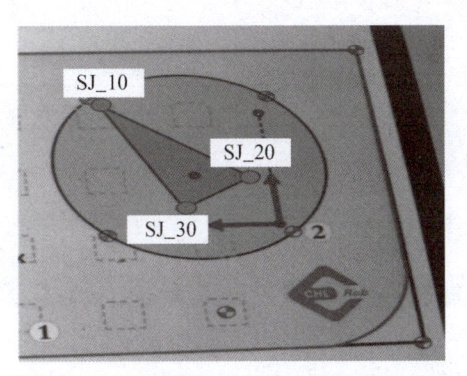

图 3–32 三角形轨迹示教点的位置和名称

机器人的动作流程如图 3–33 所示。

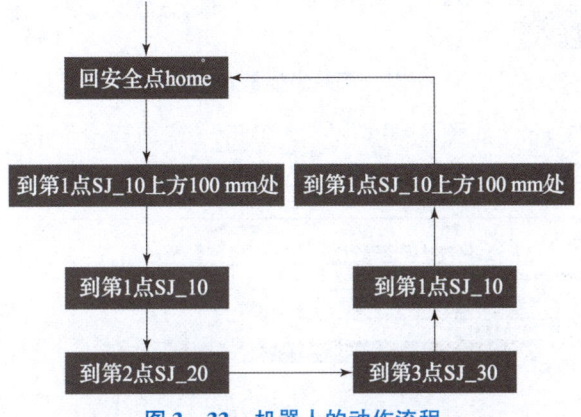

图 3–33 机器人的动作流程

（1）编程前，设定好参考的工具坐标系 tool1，具体操作为单击 ABB 主菜单按钮，然后选择"手动操纵"→"工具坐标"选项，单击"新建"按钮，创建 tool1，然后单击"确定"按钮完成创建，如图 3–34、图 3–35 所示。工具坐标系的设定在 3.1.2 节中已详细介绍。

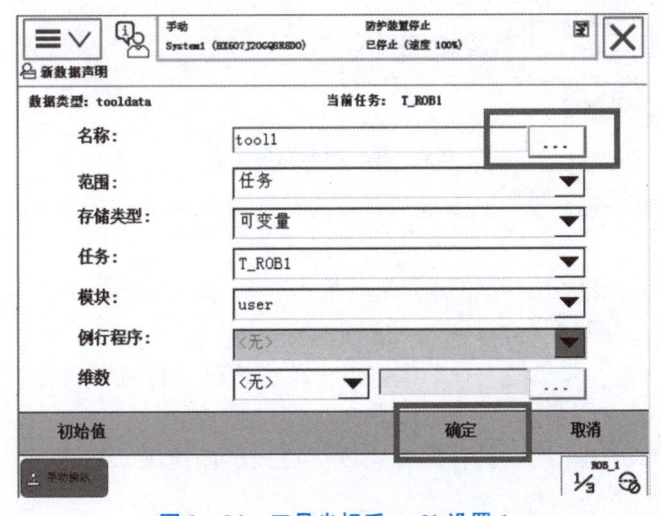

图 3–34 工具坐标系 tool1 设置 1

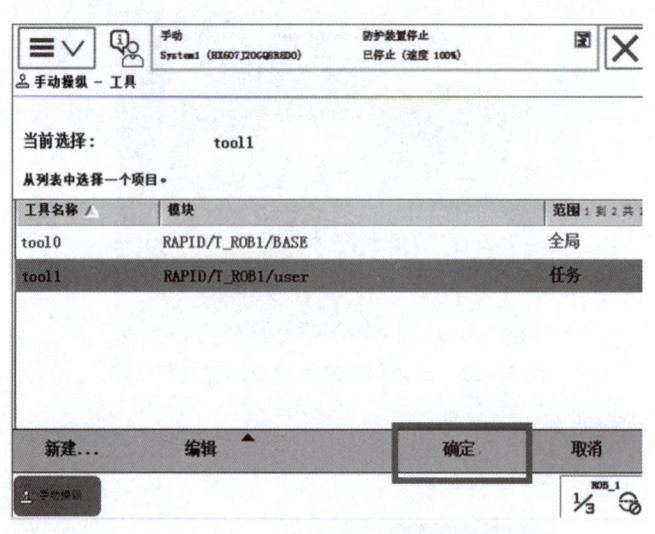

图 3-35 工具坐标系 tool1 设置 2

(2) 新建例行程序 sjx。如图 3-36 所示，单击"添加指令"按钮，编写回原点程序，即用绝对位置运动指令 MoveAbsJ，使机器人先回到安全点 home，然后示教 home 点。

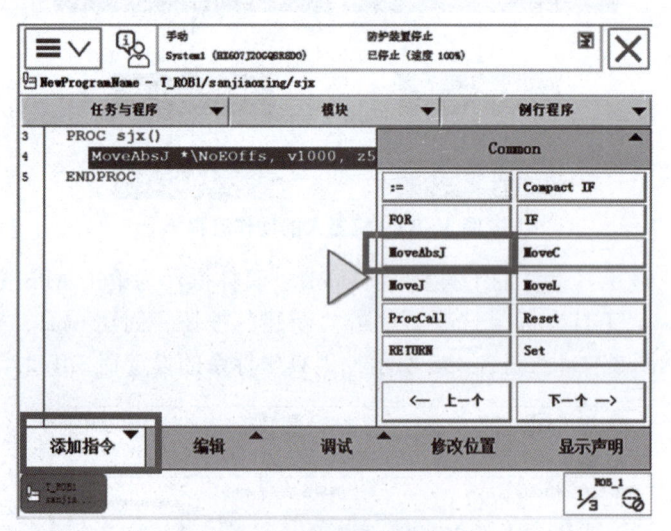

图 3-36 回原点程序 1

注意：在添加指令之前，一定要确认所使用的工具坐标系是否为 tool1、工件坐标系是否为 wobj1。

(3) 双击程序里面的"*"符号，然后单击"新建"按钮，完成 home 点的新建，再单击"确定"按钮，如图 3-37、图 3-38 所示。

(4) 选中 home 点，将机器人移动到该点，单击"修改位置"按钮，如图 3-39 所示，完成 home 点的示教。

(5) 添加完 MoveAbsJ 指令后，需要修改机器人运动速度 v 及转弯半径 z，如图 3-40 所示。

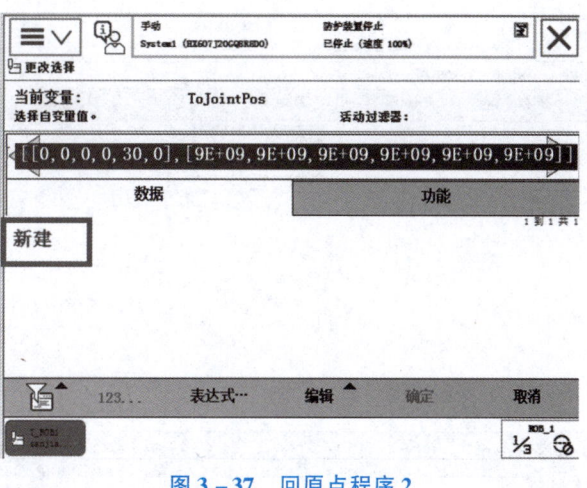

图 3-37　回原点程序 2

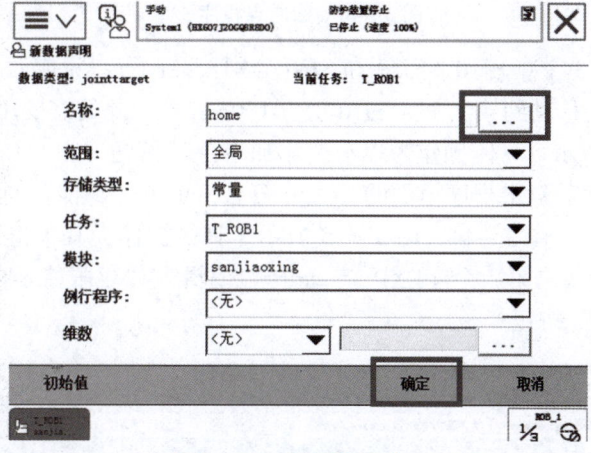

图 3-38　回原点程序 3

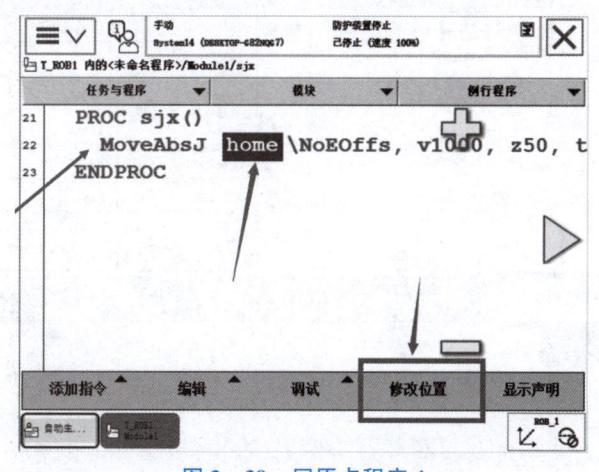

图 3-39　回原点程序 4

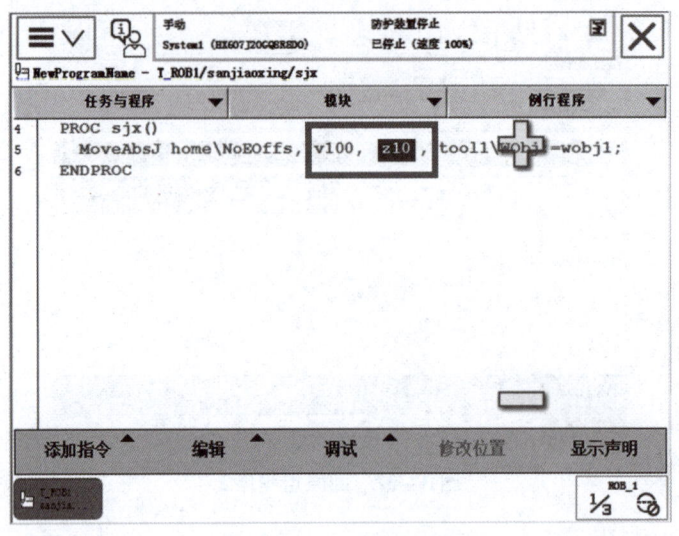

图 3-40　回原点程序 5

（6）对三角形的 3 个点 SJ10、SJ20 和 SJ30 分别校准位置，完成后调试程序。首先机器人从 home 点开始后，移动到第 1 个点 SJ10 上方 100mm 处，此处需要用到偏移指令 offs，如图 3-41、图 3-42 所示。具体操作为单击"添加指令"按钮，在"Common"选项组中选择"MoveJ"选项，然后双击程序里面的"＊"符号，单击"功能"标签，选择 Offs 选项。设置基准点如图 3-43、图 3-44、图 3-45 所示。具体操作为其单击第一个＜EXP＞，选择 SJ-10 选项；然后单击第二个＜EXP＞，选择"编辑"→"仅限待定内容"选项，进行数值设置，单击"确定"按钮。

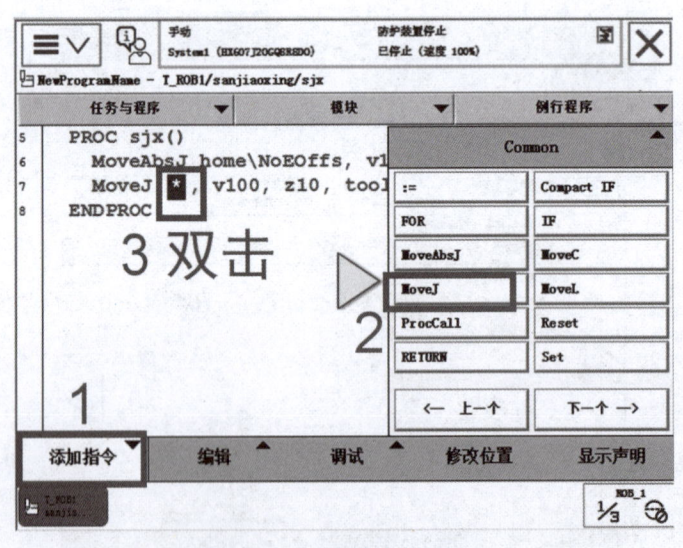

图 3-41　三角形点位校准 1

注意：如果目标点是一段路径的最后一个点，则转弯半径一定要为 fine 指令。完整程序如图 3-46 所示。

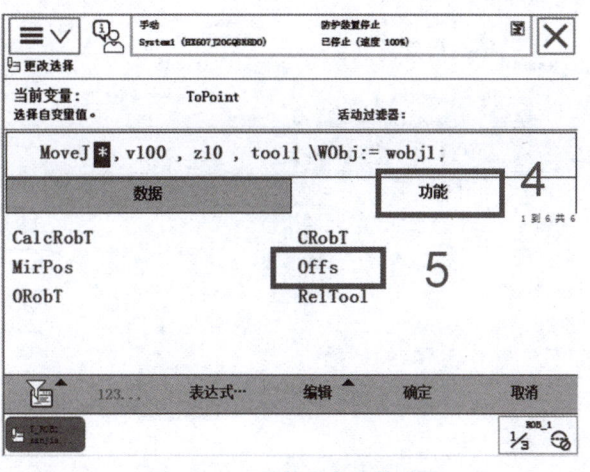

图 3–42　三角形点位校准 2

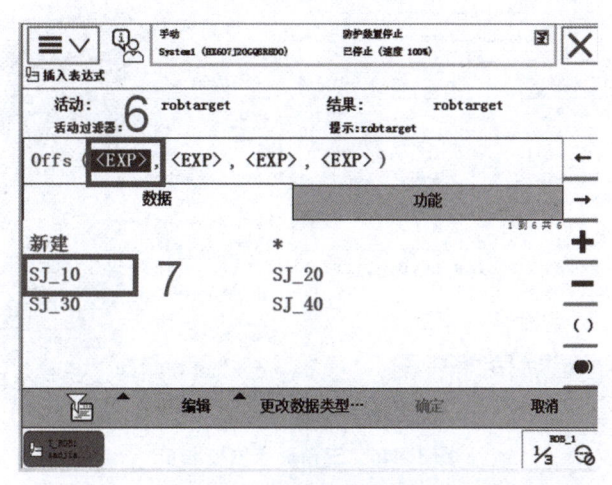

图 3–43　三角形点位校准 3

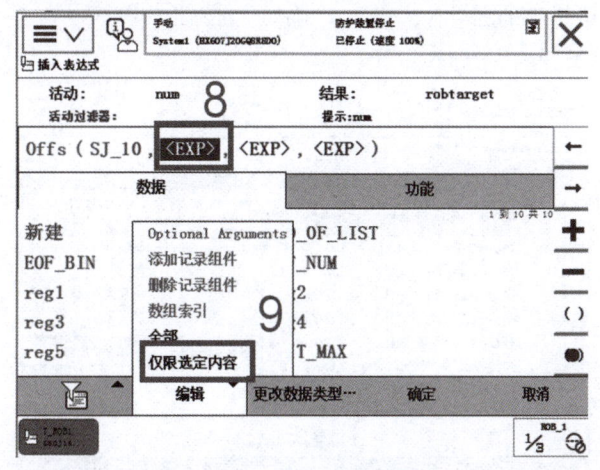

图 3–44　三角形点位校准 4

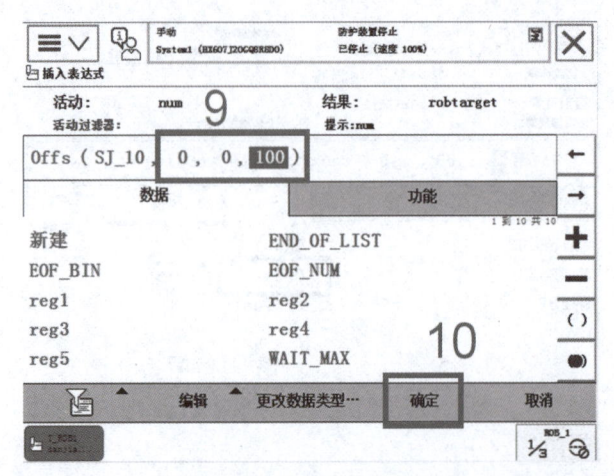

图 3-45 三角形点位校准 5

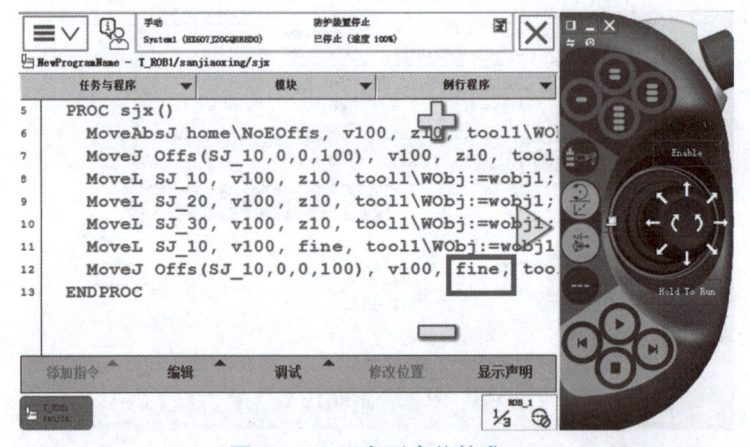

图 3-46 三角形点位校准 6

编写完程序后应进行调试。具体操作为单击"调试"按钮,选择"PP 移至例行程序"选项,然后选择需要调试的程序 sjx,单击"确定"按钮,再在示教器上依次按使能按键、运行键,如图 3-47、图 3-48 所示。

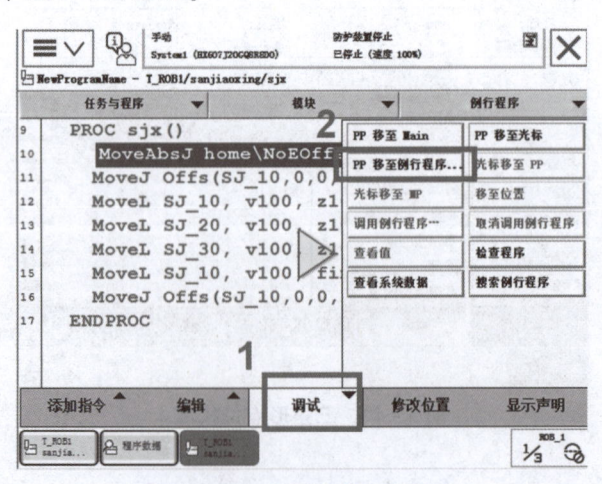

图 3-47 三角形涂胶程序调试 1

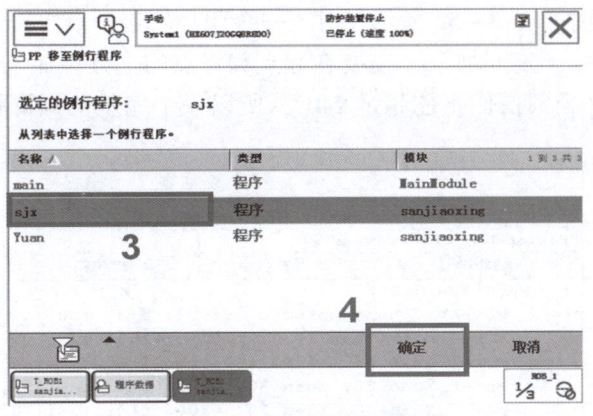

图 3-48　三角形涂胶程序调试 2

注意：运行程序时先单步运行程序，确认无误后再连续运行程序，如图 3-49 所示。

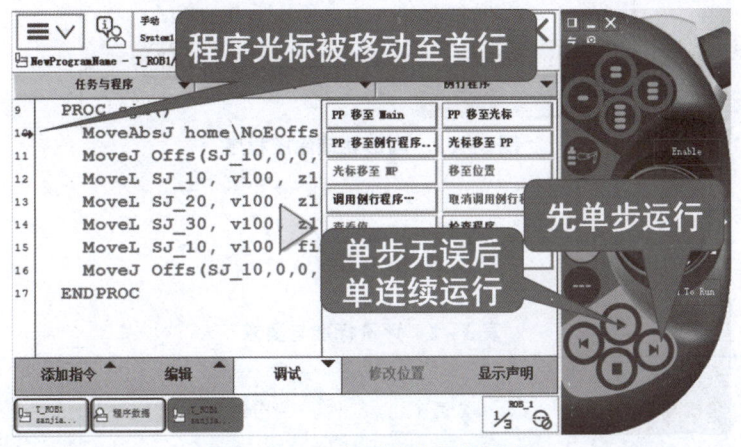

图 3-49　三角形涂胶程序调试 3

2. 圆形轨迹涂胶编程

要完成一个圆形轨迹的编程，首先需要确定示教点，即圆形上 4 个点的位置和名称，如图 3-50 所示。

机器人的动作流程如图 3-51 所示。

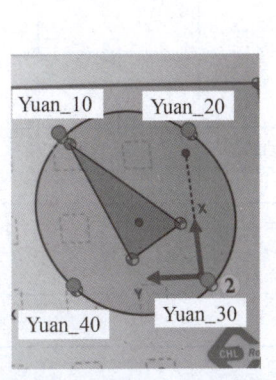

图 3-50　圆形点位和名称

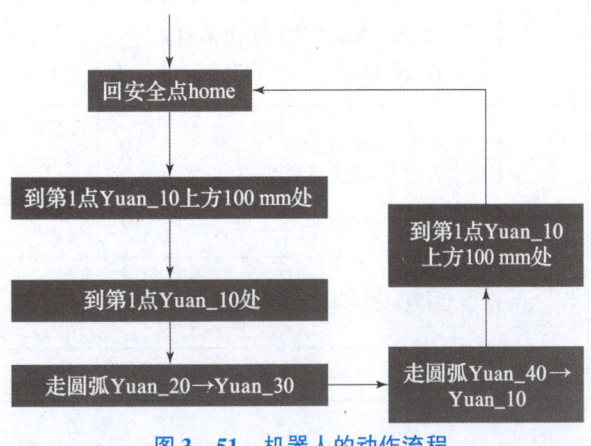

图 3-51　机器人的动作流程

圆形轨迹涂胶程序如图 3-52 所示，对于一个闭环轨迹，点 Yuan_10 既是起点，也是终点，完成一个（段）轨迹的加工，需要在起点和终点的上方添加入刀点和规避点。一条圆弧指令引导的 TCP 画圆操作不能超过 240°，所以一个完整的画圆操作，至少需要两条 MoveC 指令。

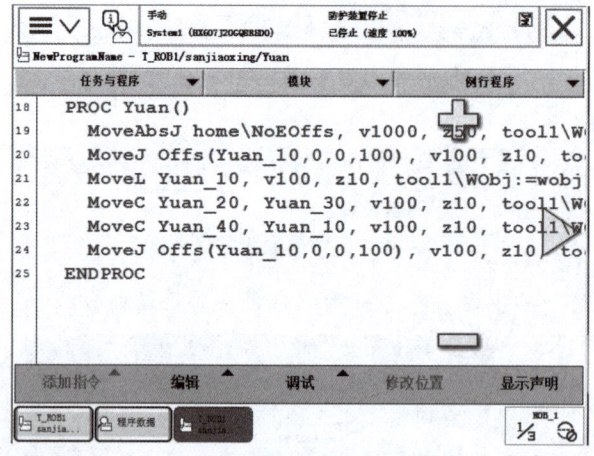

图 3-52　圆形轨迹涂胶程序

任务评价

具体评价标准与要求如表 3-2 所示。

表 3-2　评价标准与要求

评分项目	考核内容及要求	分值	评分细则	自评分	互评分	师评分
理论知识	ABB 机器人的程序结构	10	了解机器人的程序结构			
	机器人涂胶程序的新建方法	10	掌握机器人涂胶程序的新建方法			
实操技能	完成 ABB 机器人程序模块及例行程序的创建	10	能够正确创建 ABB 机器人程序模块及例行程序			
	使用 ABB 机器人实现三角形和圆形轨迹涂胶功能	50	能够实现三角形和圆形轨迹涂胶功能			
素养目标	增强团队协作意识	10	能够与各个成员分工协作、积极参与			
	提高程序调试能力	10	能够完成程序调试，实现最终效果			
任务总结	（包括理论知识、实操技能、素养目标）					
总评分						

项目小结

本项目详细介绍了工具坐标系的设定及测试、ABB 机器人的程序结构。
（1）介绍了工具坐标系的含义及设置工具坐标系的原因。
（2）讲解了什么是重定位运动及工具坐标系的测试。
（3）介绍了 ABB 机器人的程序结构。
（4）介绍了 ABB 机器人程序模块及例行程序的创建。
（5）讲解了工具坐标系的设定和测试实训项目、机器人三角形和圆形轨迹涂胶项目。

项目 4

工业机器人码垛编程与调试

项目介绍

码垛指将形状基本一致的产品按一定的要求堆叠起来,码垛作业是仓储物流行业中一个重要但劳动强度大的工作环节。传统上,这项工作都是由人工操作叉车或手动堆垛来完成的。但是,随着工业生产规模的扩大,码垛工作量也日趋庞大。如何利用自动化技术提高码垛效率和质量成为仓储企业面临的一个重要问题。机器人码垛系统可通过机器人臂抓取和精确放置箱子,实现自动和高效的箱子堆垛工作。相比传统人工码垛,机器人码垛系统具有效率高、质量稳定、工作环境良好等优势。在2.4节任务中,简单学习了单个物块的自动搬运(从位置A搬运到位置B)。在介绍本项目任务内容之前,首先来看图4-1(a)中的图片。看看图片中的是什么?没错,就是小时候都玩过的堆积木。本项目将进行更加高端的堆积木任务——操作工业机器人堆积木,称为"机器人码垛",如图4-1(b)所示。

(a) (b)

图 4-1 堆积木任务——码垛

任务 4.1 单排码垛

任务描述

本任务要完成的是将流水线上的 3 个工件依次搬运到涂胶台上,如图 4-2 所示。

图 4-2 单排码垛搬运任务图

任务目标

1. 知识目标

（1）掌握循环指令 FOR 和 Offs 指令的使用方法。
（2）掌握工件坐标系的设定方法。
（3）掌握机器人程序数据和可变点位数据的创建方法。

2. 技能目标

（1）熟悉循环指令 FOR 和 Offs 指令的使用方法。
（2）熟悉工件坐标系的设定方法。
（3）掌握单排码垛的编程方法。

3. 素养目标

（1）培养学生追求卓越、不断突破的创新精神。
（2）培养学生理论联系实际的能力。

相关知识

4.1.1 循环指令 FOR

循环指令 FOR

码垛是将单个工件的搬运任务重复执行多次。在 C 语言中学习过循环指令 FOR，可以执行循环运行，机器人程序也有类似的指令，接下来将学习机器人程序的循环指令 FOR。

FOR 指令适用于 1 个或多个指令需要重复执行数次的情况，机器人程序中的 FOR 指令具体结构如图 4-3 所示。其中，i 是自变量，a 是初始值，b 是最大值。具体执行流程图如图 4-4 所示。

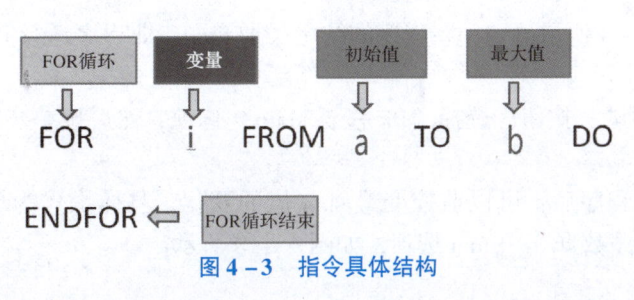

图 4-3 指令具体结构

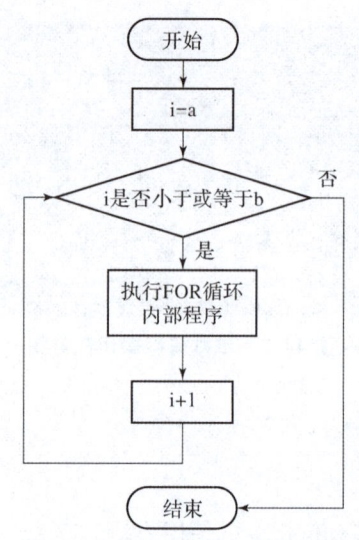

图 4-4　FOR 指令执行流程图

下面演示在机器人示教器中插入 FOR 指令。

（1）在例行程序 main 中，单击 <SMT>，再单击"添加指令"按钮，在"Common"选项组选择 FOR 选项，如图 4-5 所示。

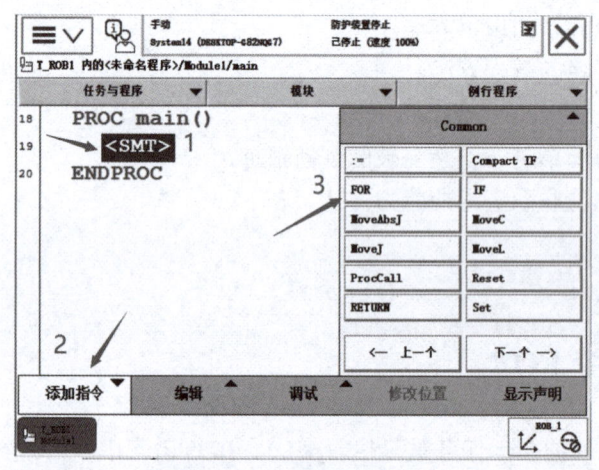

图 4-5　添加 FOR 指令

（2）修改 FOR 指令，如图 4-6 所示。

（3）单击 <SMT>，再单击"添加指令"按钮，在"Common"选项组选择"：="选项，添加赋值语句：=，如图 4-7 所示。

（4）添加图 4-8 所示语句，在程序的结尾添加 Stop，即程序运行完成后停止；sum 的初始值为 0。

（5）单击"调试"按钮，选择"PP 移至 Main"选项，然后按单步运行键，如图 4-9 所示。

（6）单步运行程序后，可以监控变量 sum 值的变化，具体操作为单击 ABB 主菜单按钮，然后选择"程序数据"→num 选项，如图 4-10 所示。

114

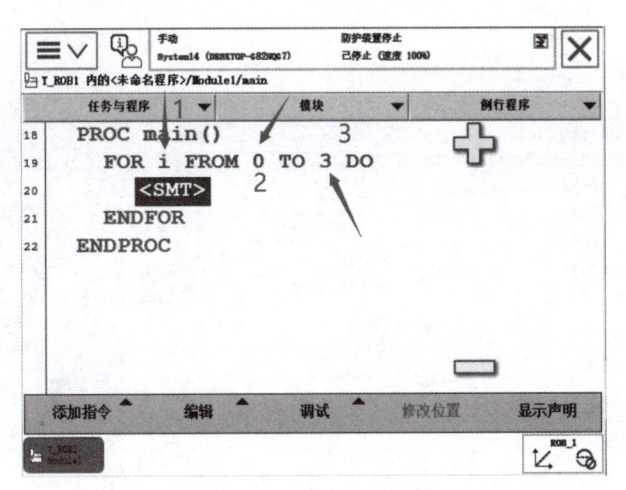

图 4-6 修改 FOR 指令

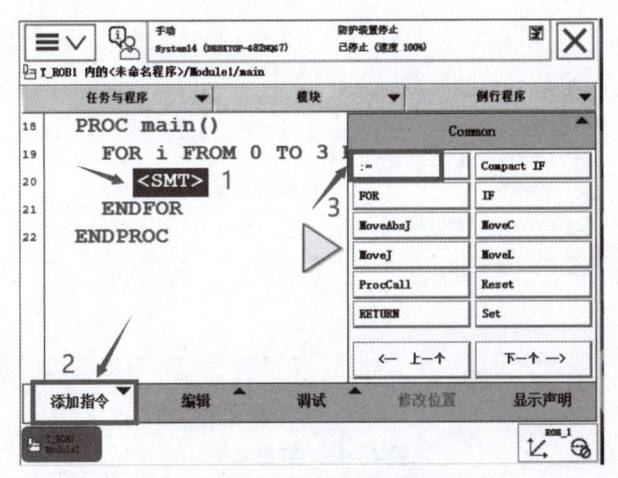

图 4-7 添加赋值语句

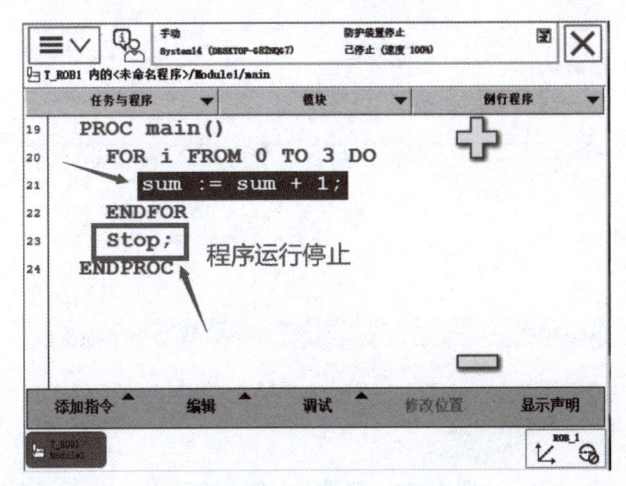

图 4-8 添加 Stop 语句

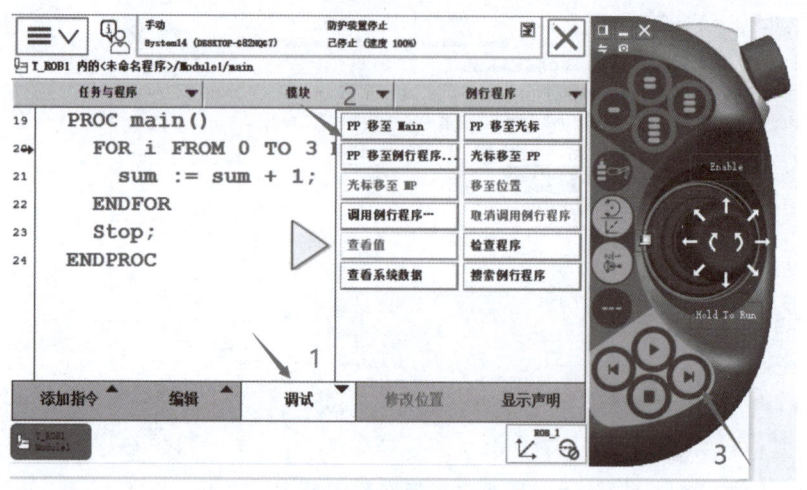

图 4-9 单步调试

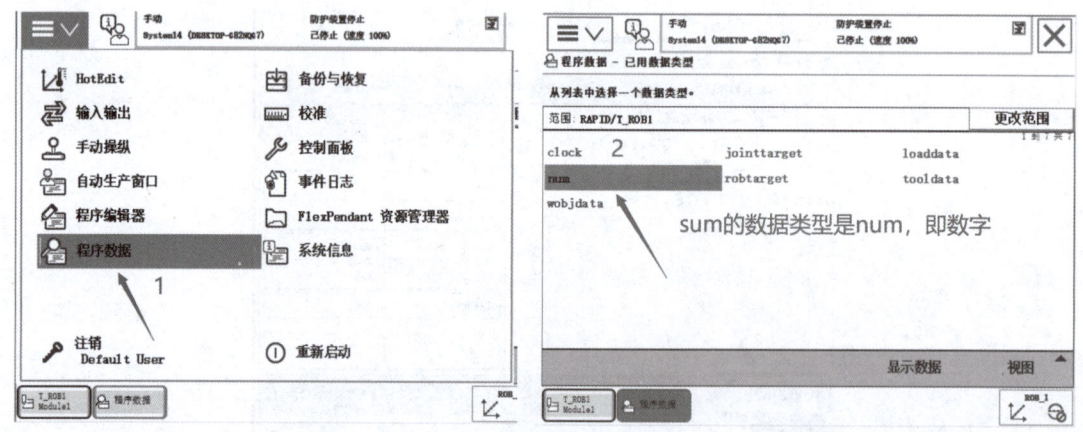

图 4-10 变量监控

（7）观察 sum 值的变化，如图 4-11 所示。

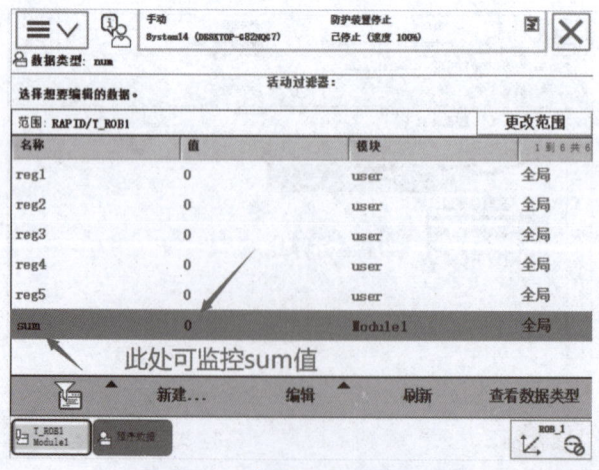

图 4-11 变量 sum 值监控窗口

(8) 运行程序，即可监控 sum 的值，如图 4-12 所示。

图 4-12　监控 sum 的值

4.1.2　工件坐标系设定

FOR 指令在一些循环任务中可以减少程序的编写任务，那在图 4-13 所示的码垛流程中，应如何使用 FOR 指令，是否还需要像前面的搬运任务一样把所有工件的位置都示教一遍呢？

工件坐标系设定

图 4-13　码垛流程

在回答这个问题之前，首先来仔细观察下工件的摆放位置。如图 4-14 所示，可以发现：工件摆放比较整齐，有规律；后面 2 个工件的位置，可以通过第 1 个工件的位置进行坐标偏移。所以，先在工件的摆放方向建立一个参考坐标系，在工业机器人中，这个坐标系称为工件坐标系。

工件坐标可表示工件相对于大地坐标系或其他坐标系的位置。工业机器人可以有若干个工件坐标系，表示不同工件，或者表示同一工件在不同位置的若干副本，如图 4-15 所示。工业机器人进行编程时就是在工件坐标中创建目标和路径。通过工件坐标系进行编程，重新定位工作站中的工件时，只需要更改工件坐标的位置，所有路径将即刻随之更新；允许操作以外轴或传送导轨移动的工件，因为整个工件可连同其路径一起移动。

下面演示在机器人示教器中创建和示教工件坐标系。

（1）单击 ABB 主菜单按钮，然后选择"手动操纵"→"工件坐标"："wobj…"，如图 4-16 所示。

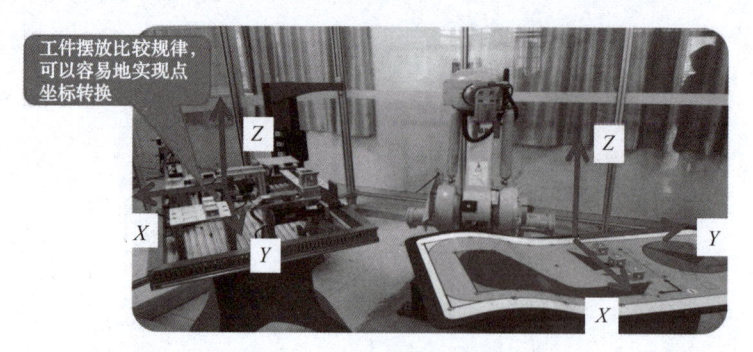

图 4-14　工件摆放规律

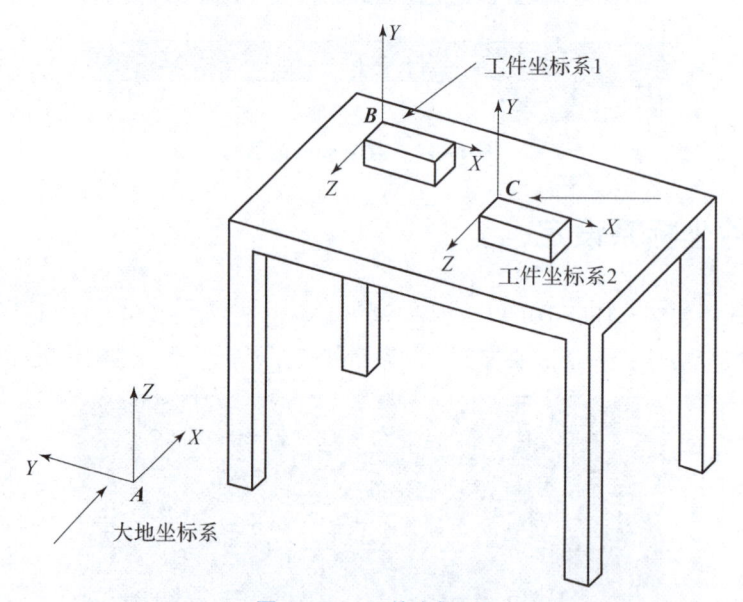

图 4-15　工件坐标系

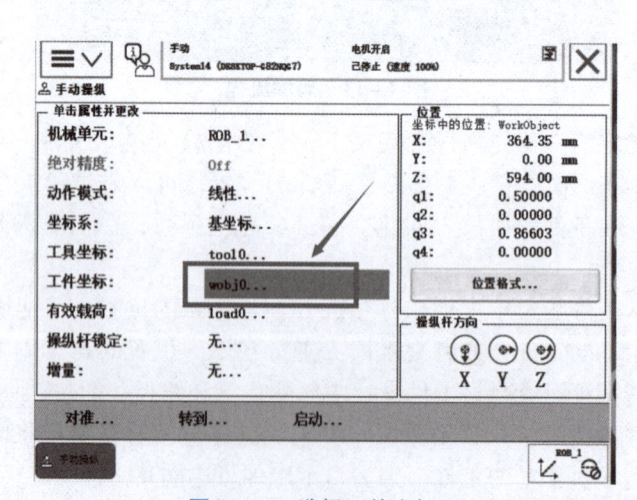

图 4-16　选择工件坐标系

（2）单击"新建"按钮，新建工件坐标系 wobj1，如图 4-17 所示。
（3）如图 4-18 所示，选择"编辑"→"定义"选项，对工件坐标系 wobj1 进行设定。

118

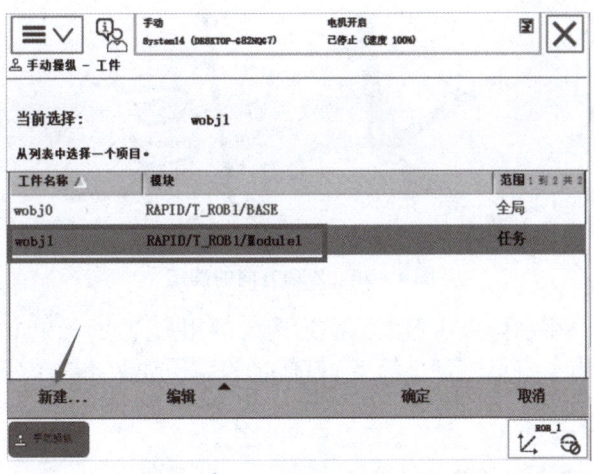

图 4-17 工件坐标系 wobj1

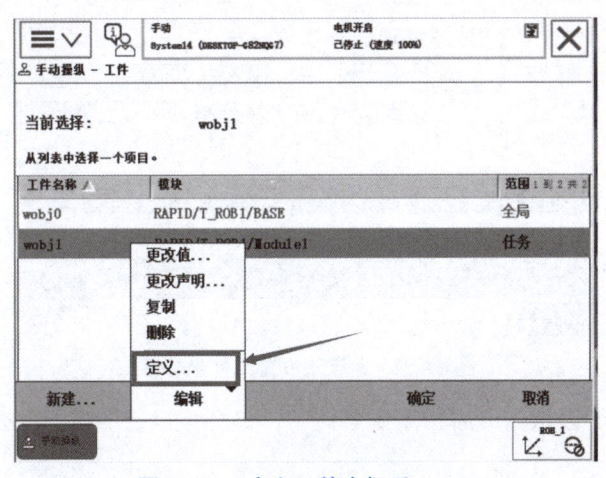

图 4-18 定义工件坐标系 wobj1

工件坐标系的设定主要采用 3 点法，如图 4-19 所示，X1 点、X2 点确定 X 轴的方向，Y1 点则确定了 Y 轴的方向。

图 4-19 3 点法定义工件坐标系

那 Z 轴的方向是如何确定的呢？接下来学习右手螺旋定则，即笛卡儿坐标系，如图 4-20 所示。用右手由 X 轴向 Y 轴握，大拇指的指向就是 Z 轴的正方向。

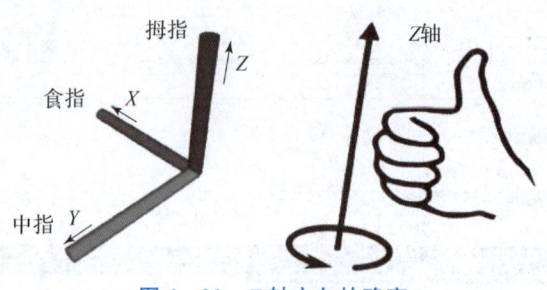

图 4-20　Z 轴方向的确定

（4）选择 3 点法，手动操纵机器人，靠近定义的用户点 X1，单击"修改位置"按钮，同理设置 X2 点和 Y1 点，完成工件坐标系 wobj1 的设定，如图 4-21 所示。

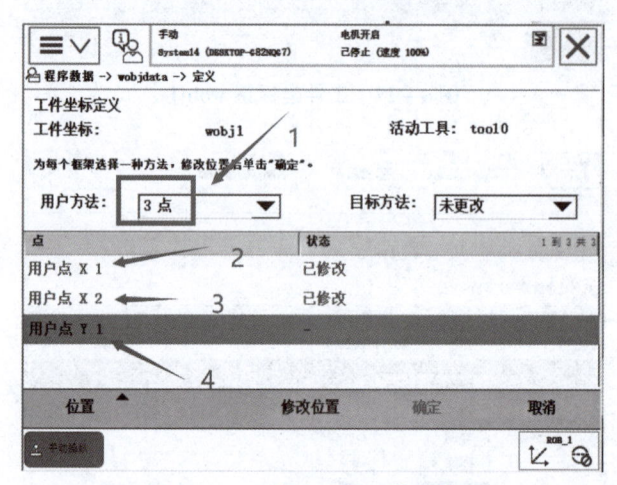

图 4-21　3 点法设置工件坐标系

工件坐标系 wobj1 设定完成后，需要对该工件坐标系进行测试，测试该坐标系设定是否正确。

（1）单击 ABB 主菜单按钮，然后选择"手动操纵"→"线性"选项，将动作模式设置为线性运动，如图 4-22 所示。

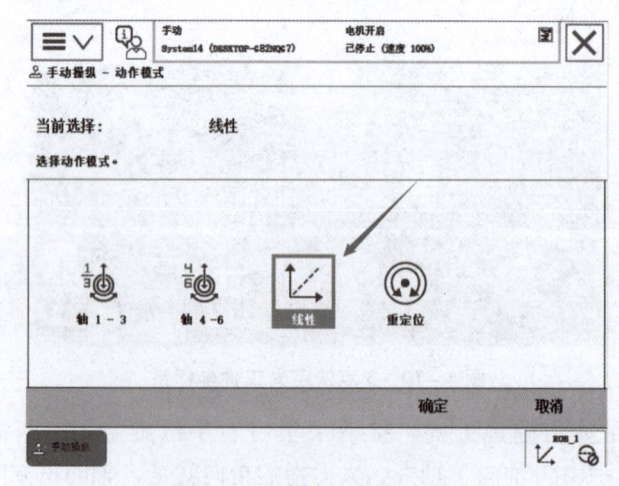

图 4-22　选择"线性"选项

（2）在"坐标系"窗口选择"工件坐标"选项，如图4-23所示。

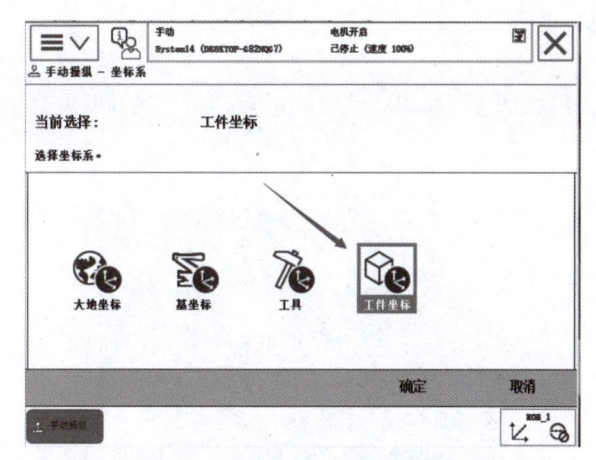

图4-23 选择"工件坐标"选项

（3）将"工件坐标"设定为已创建的工件坐标系wobj1，如图4-24所示。

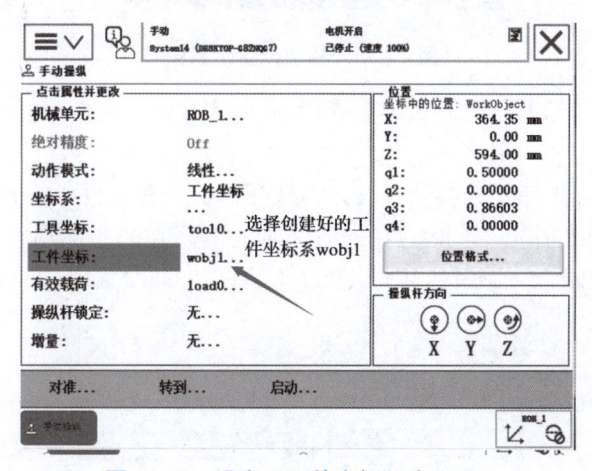

图4-24 设定"工件坐标"为wobj1

（4）手动操作操纵杆的 X 轴方向，查看机器人是否沿着 $X1$ 点→$X2$ 点的方向运动。手动操作操纵杆的 Y 轴方向，查看机器人是否沿着 Y 轴方向运动，如图4-25所示。

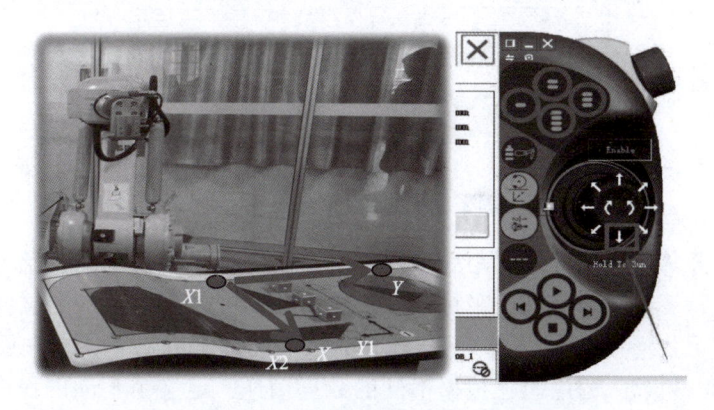

图4-25 沿着工件坐标系方向手动操作

4.1.3　Offs 指令

有了工件坐标系，那么图 4-26 中所示的 p1 点、p2 点的间距，应如何在不示教的情况下计算出来呢？

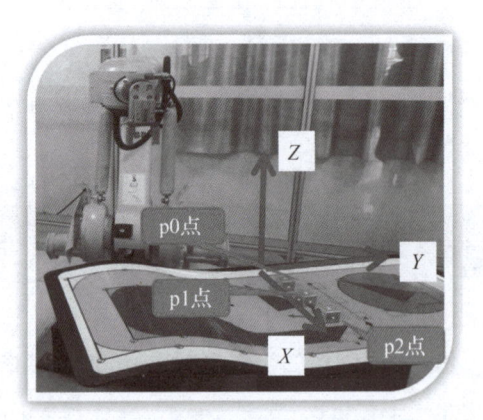

图 4-26　摆放位置示意图

Offs 指令

有人会说可以拿游标卡尺去测量，但是游标卡尺不会随身携带。那不用尺子测量，如何测量出间距呢？

接下来学习用机器人测量偏移值。首先，选择机器人在工件坐标系下的线性运动模式，将画笔先移动到工件 1 的中心，同时读出此时 Y 轴的坐标值 $Y1$；然后将画笔移动到工件 2 的中心，并读出此时 Y 轴的坐标值 $Y2$；则工件 1 和工件 2 的间距就是 $Y2-Y1$，如图 4-27 所示。

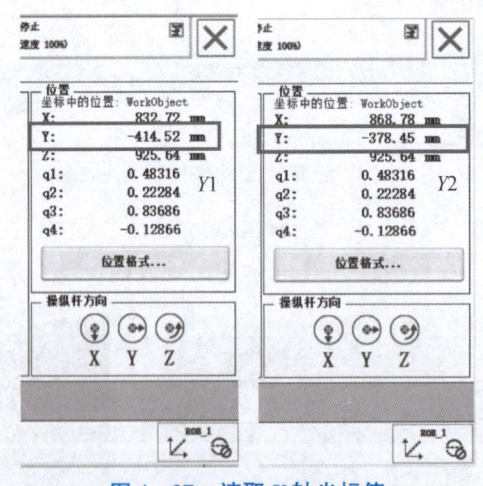

图 4-27　读取 Y 轴坐标值

测量出两个相邻摆放工件的间距后，就可以在第一个点位坐标的基础上偏移相应数量的间距值，即可计算出相邻工件的坐标值。所以，存储工件坐标值的点位参数是一个变化的值。接下来学习如何在 ABB 机器人里面创建一个变化的点位数据。首先要了解 ABB 机器人的数据，在编写机器人程序时，根据不同的数据用途，定义了不同的程序数据，有些数据是机器人系统常用的程序数据，如之前建立的工件坐标和工具坐标，如图 4-28 所示。

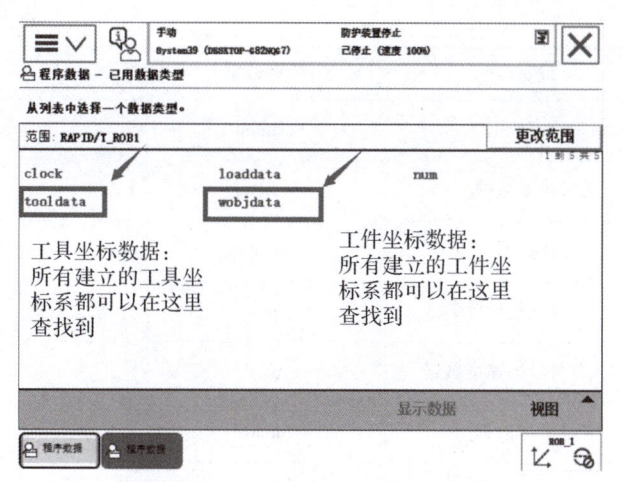

图 4-28 工具坐标和工件坐标数据

机器人程序数据

4.1.4 机器人程序数据

程序内声明的数据称为程序数据，程序数据是在程序模块或系统模块中设定的值和定义的一些环境数据。创建的程序数据可由同一个模块或其他模块中的指令进行引用。例如，2.4.2 节学习的机器人关节运动指令，调用了 5 种程序数据，如图 4-29 所示。

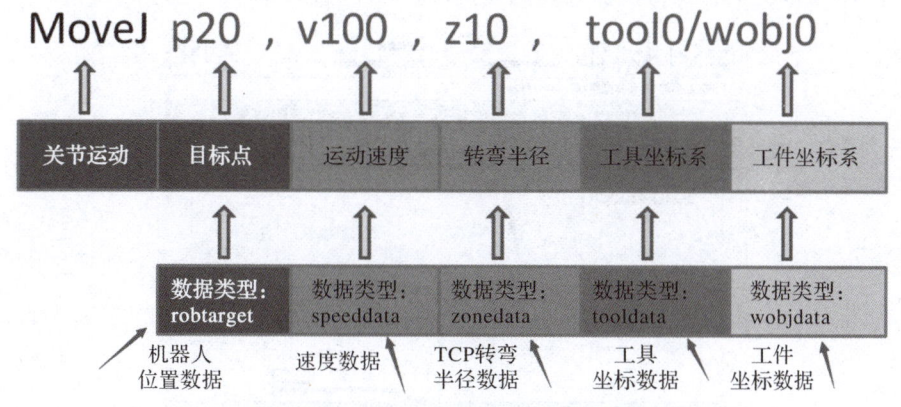

图 4-29 MoveJ 语句调用的程序数据

ABB 机器人中有许多程序数据类型，每种程序数据类型都只能存储特定类型的数据，具体如表 4-1 所示。

表 4-1 ABB 机器人程序数据类型表

程序数据	说明	程序数据	说明
bool	布尔量	robjoint	机器人角度数据
byte	整数数据	dionum	数字输入/输出信号
num	数值数据	clock	计时数据

123

续表

程序数据	说明	程序数据	说明
string	字符串数据	extjoint	外轴位置数据
jointtarget	关节位置数据	loaddata	负荷数据
orient	姿态数据	mecunit	机械装置数据
robtarget	机器人与外轴的位置数据	pos	位置数据（只有 X、Y 和 Z 坐标）
speeddata	机器人与外轴的速度数据	pose	坐标转换
tooldata	工具坐标数据	intnum	中断符号
wobjdata	工件坐标数据	trapdata	中断数据
zonedata	TCP 转弯半径数据	robjoint	机器人角度数据

下面以机器人与外轴的位置数据 robtarget 创建为例讲解机器人数据的创建。

在之前机器人程序编写中，都是边写程序边定点，即在编写完机器人运动程序后将机器人移动到相应位置，单击"修改位置"按钮，如图 4-30 所示。但是如果机器人程序比较复杂，点位较多，就容易将机器人的点位搞混。

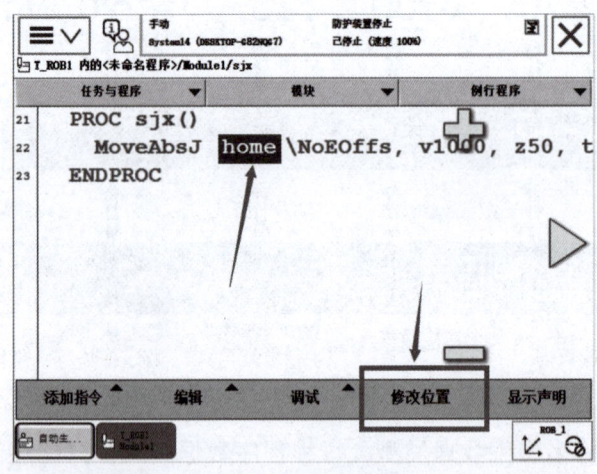

图 4-30 修改位置

可以先将机器人所需要的所有点位创建并示教好，然后在机器人程序里面直接调用这些点。

（1）单击 ABB 主菜单按钮。
（2）选择"程序数据"选项，如图 4-31 所示。
（3）选择"视图"→"全部数据类型"选项，如图 4-32 所示。
（4）单击滚动按钮，选择机器人与外轴的位置数据 robtarget 选项，如图 4-33 所示。
（5）单击"新建"按钮，如图 4-34 所示。

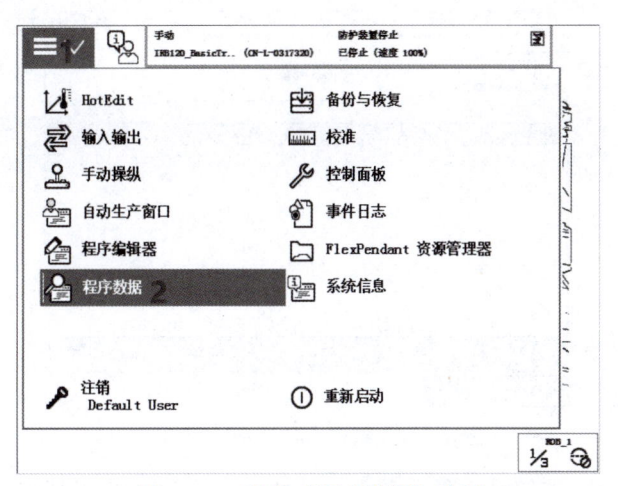

图 4–31 选择"程序数据"选项

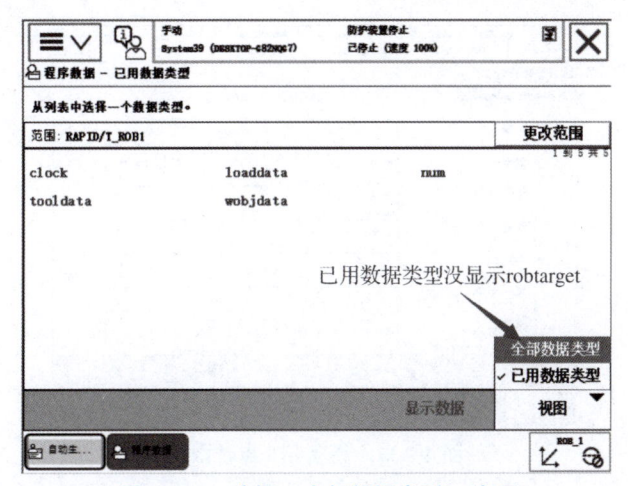

图 4–32 选择"全部数据类型"选项

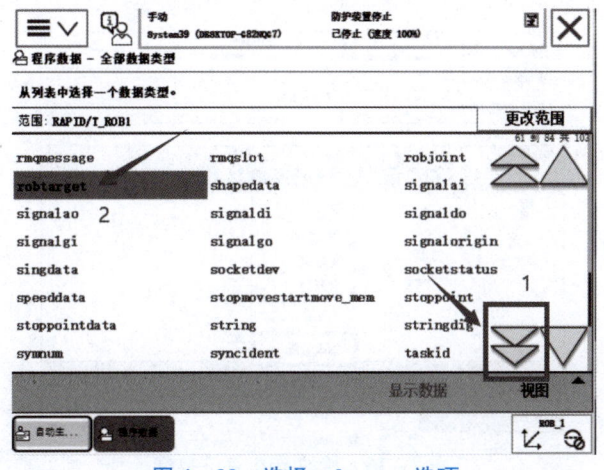

图 4–33 选择 robtarget 选项

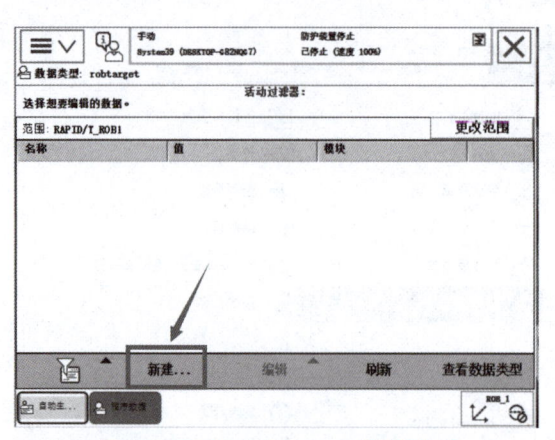

图 4-34　新建 robtarget 数据类型

（6）单击"新建"按钮后将显示图 4-35 所示的窗口，按照其中的参数进行设置，单击"确定"按钮，即可完成常量 p10 点的创建。

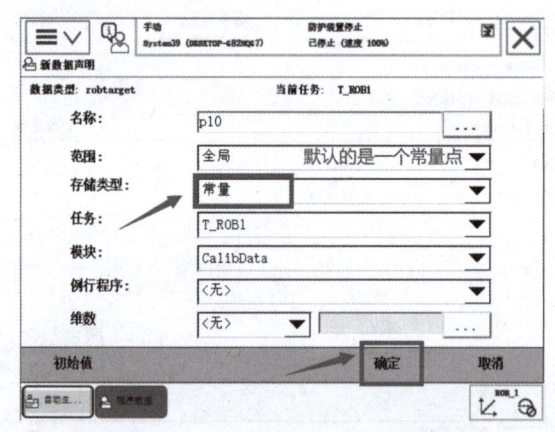

图 4-35　新建 p10 点位数据

（7）将机器人手动移动到需要示教的位置，选择 p10 选项，然后选择"编辑"→"修改位置"选项，如图 4-36 所示，即可完成 p10 点的示教。

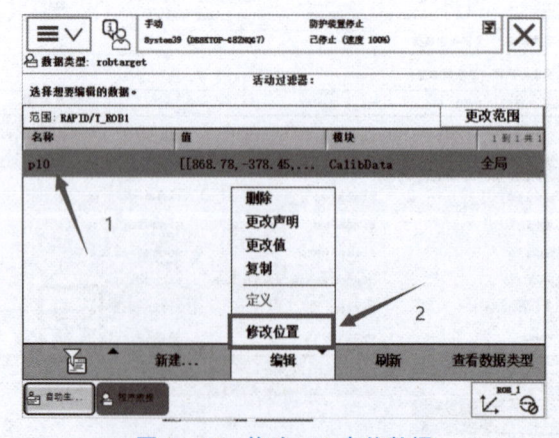

图 4-36　修改 p10 点位数据

（8）示教完 p10 点后，再添加机器人运动指令（MoveJ、MoveL、MoveC 指令使用的点位数据类型是 robtarget，而 MoveAbsJ 指令使用的点位数据类型是 jointarget），即可选择刚创建好的 p10 点，如图 4-37 所示。

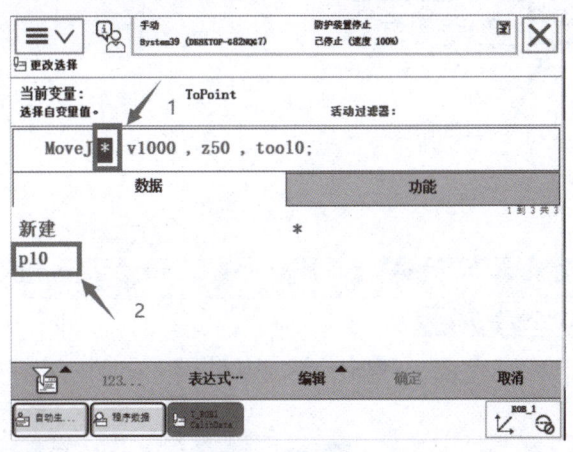

图 4-37 选择 p10 点

因为搬运码垛任务中的点位数据是变化的，所以实际需要创建一个变量的点位数据，下面来讨论创建变量点位数据。创建 p10 点时，p10 点位数据默认的"存储类型"是"常量"，即固定的点，也可以把"存储类型"设置为"变量"或"可变量"，如图 4-38 所示。

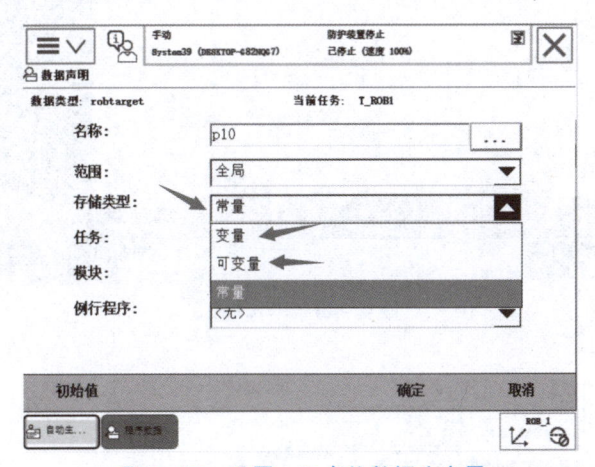

图 4-38 设置 p10 点位数据为变量

存储类型中变量和可变量的区别是什么呢？变量型数据在程序执行过程中和停止时都会保持当前值，不会改变；但如果程序指针被移动到主程序后，变量型数据的数值就会丢失，而可变量则不会。下面通过一个例子来验证变量和可变量存储类型的区别。

（1）新建一个 num 变量类型数据 x，添加图 4-39 所示程序。

（2）单步运行 1 次该程序，如图 4-40 所示。

（3）在"数据类型：mum"窗口里面找到 x，可以看到此时 x 的值变为 1，如图 4-41 所示。

（4）单击"调试"按钮，选择"PP 移至例行程序"选项，如图 4-42 所示，将程序指针重新移动到该程序开始位置。

127

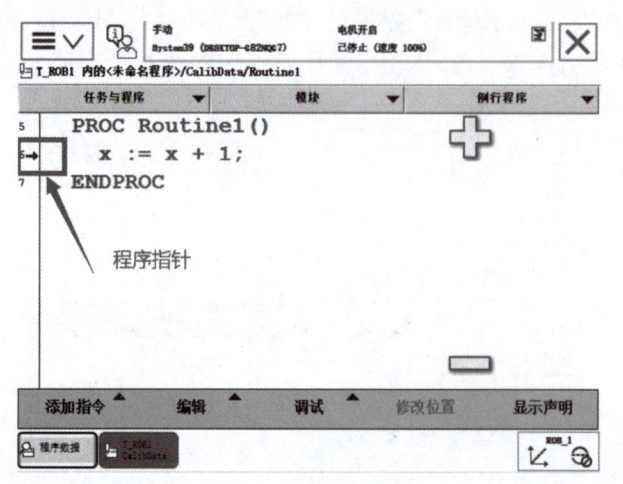

图 4-39 添加程序

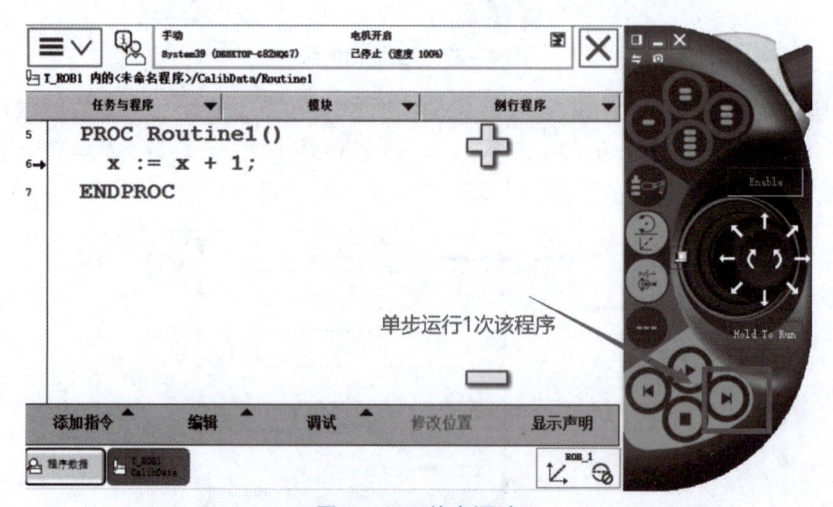

图 4-40 单步调试

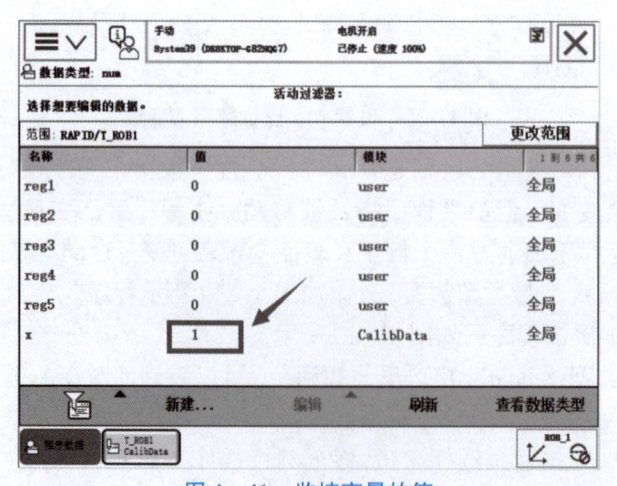

图 4-41 监控变量的值

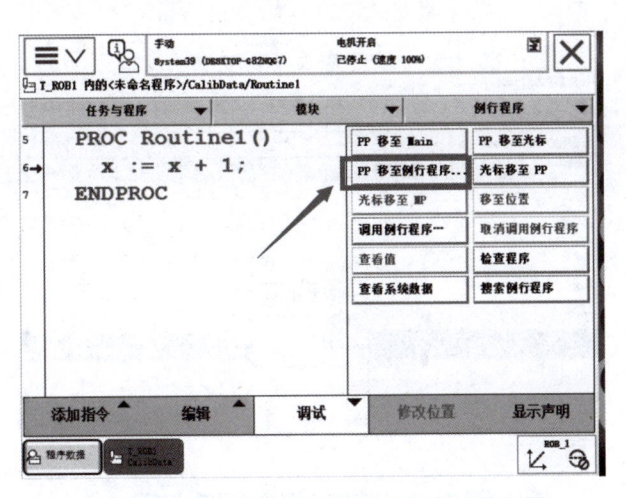

图4-42 重新移动程序指针到程序开始位置

（5）在"数据类型：mum"窗口里面再次找到x，可以看到此时x的值恢复为初始值0，如图4-43所示。所以，只要程序指针被移动，变量就会恢复初始值。

图4-43 监控变量的值

（6）如图4-44、图4-45所示，选择x选项，然后选择"编辑"→"更改声明"选项，在"数据声明"窗口中将x的"存储类型"设置为"可变量"。

（7）重复步骤（2）~（5）就会发现，选择"PP 移至例行程序"选项，使程序指针移动，可变量x的值不发生变化。

下面就可以在"新数据声明"窗口中新建 robtarget 数据类型的变量点：抓取点位变量pi 和摆放点位变量qi，如图4-46所示。

创建好抓取点位变量和摆放点位变量后，如何来计算实际的抓取点位和摆放点位呢？只需要在抓取点和摆放点初始位置的基础上加对应的工件间距后，再赋值给点位变量即可，如图4-47所示。

下面对该程序进行解释，如图4-48所示。

（1）当i=0时，pi 就是p0点（第一个工件的位置）。

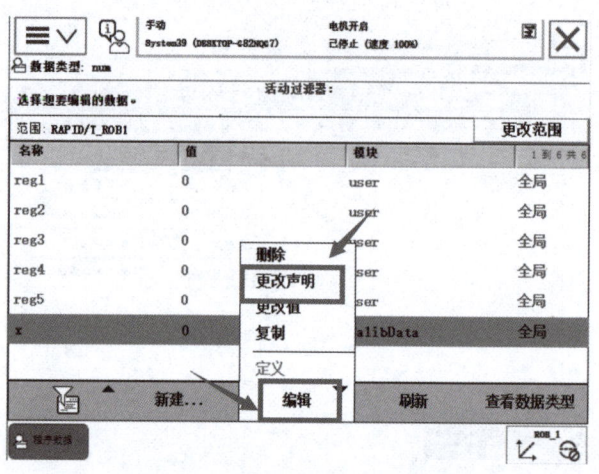

图4-44 选择"更改声明"选项

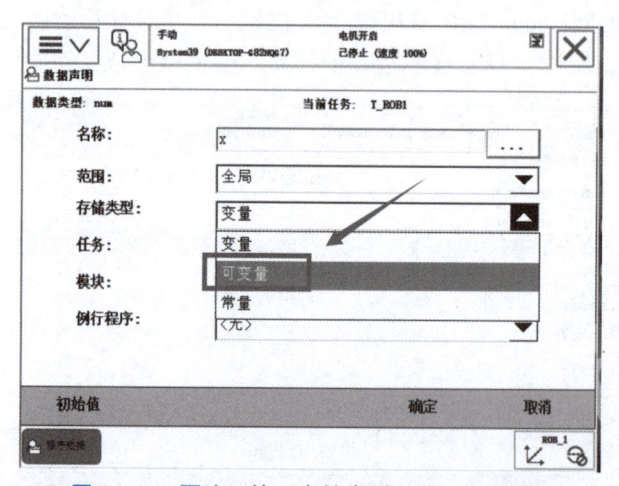

图4-45 更改 x 的"存储类型"为"可变量"

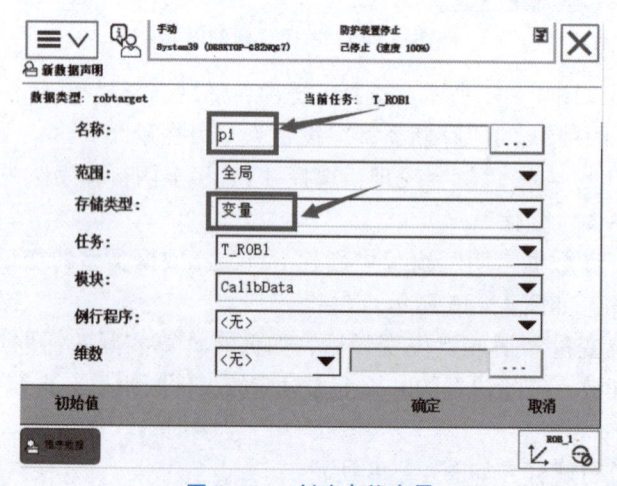

图4-46 创建点位变量

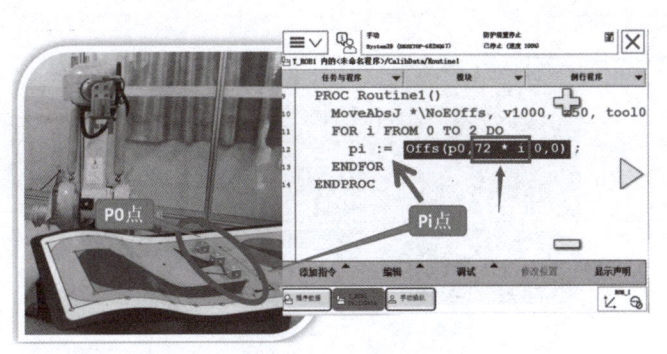

图 4-47 计算点位

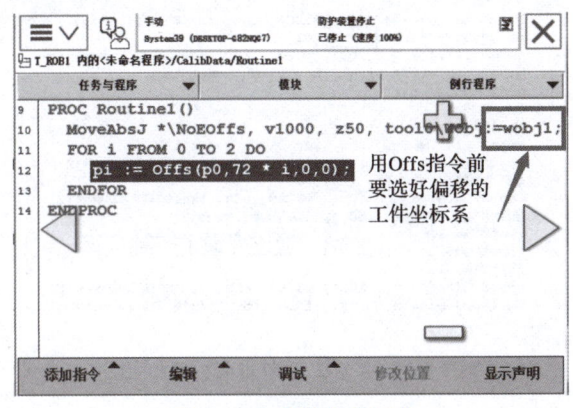

图 4-48 计算点位程序

(2) 当 i=1 时, pi 就是 p1 点, 以 p0 为基准, 朝 X 轴方向偏移 "72*1"（间距）。
(3) 当 i=2 时, pi 就是 p2 点, 以 p0 为基准, 朝 X 轴方向偏移 "72*2"（间距）。
注意: 使用功能偏移指令 Offs 前一定要选好在哪个工件坐标系下进行偏移。

任务实施

1. 任务分析

单个工件搬运轨迹和 3 个工件手动轨迹分别如图 4-49、图 4-50 所示, 从中容易发现 3 个工件和单个工件的搬运轨迹相似, 只是把单个工件的搬运轨迹执行了 3 遍。

图 4-49 单个工件搬运轨迹

任务实施

2. 程序设计

通过前面的分析, 就可以来编写 3 个工件单排码垛的程序, 示例程序如图 4-51 所示。

图4-50　3个工件搬运轨迹

```
PROC danpaimaduo()
    FOR j FROM 0 TO 2 DO
        MoveAbsJ home\NoEOffs, v1000, z50, tool0\WObj:=wobj1;
        pi := Offs(p10,0, j * 51 ,0);
        MoveJ Offs(pi,0,0,100), v1000, z50, tool0\WObj:=wobj1;
        MoveL pi, v1000, fine, tool0\WObj:=wobj1;
        WaitTime 1;
        Set DO9;
        WaitTime 1;
        MoveL p10, v1000, z50, tool0\WObj:=wobj1;
        MoveAbsJ home\NoEOffs, v1000, z50, tool0\WObj:=wobj2;
        qi := Offs(q10,0, j * 51 ,0);
        MoveJ Offs(pi,0,0,100), v1000, z50, tool0\WObj:=wobj2;
        MoveL qi, v1000, z50, tool0\WObj:=wobj2;
        WaitTime 1;
        Reset DO9;
        WaitTime 1;
        MoveL Offs(pi,0,0,100), v1000, z50, tool0\WObj:=wobj2;
        MoveAbsJ home\NoEOffs, v1000, z50, tool0\WObj:=wobj2;
    ENDFOR
ENDPROC
```

通过变量 j 控制偏移

通过变量 j 控制偏移

图4-51　3个工件单排码垛示例程序

任务评价

具体评价标准与要求如表4-2所示。

表4-2　评价标准与要求

评分项目	考核内容及要求	分值	评分细则	自评分	互评分	师评分
理论知识	FOR 指令的使用	10	正确使用 FOR 指令			
	变量与可变量存储类型的区别	10	能够根据实际应用场合，选择合适的存储类型			
实操技能	工件坐标系的创建	10	能够利用3点法创建工件坐标系			
	新建程序数据类型的操作	10	能够正确新建各种程序数据类型			
	3个工件单排码垛程序的编写	40	能够实现3个工件的单排码垛			
素养目标	增强团队协作意识	10	能够各个成员分工协作、积极参与			
	增强个人创新意识	10	可以尝试用不同方法实现3个工件的单排码垛			

续表

评分项目	考核内容及要求	分值	评分细则	自评分	互评分	师评分
任务总结	（包括理论知识、实操技能、素养目标）					
总评分						

任务 4.2　双排码垛

任务描述

在任务 4.1 中完成了 3 个物块的简单码垛搬运，学习了工件坐标系的设定、机器人程序数据、FOR 指令等知识。本任务要在单排码垛的基础上，完成双排码垛的搬运，如图 4-52 所示，将 A 位置的 6 个物块依次搬运到 B 位置。通过观察可以发现双排码垛只是将单排码垛重复执行了 2 次。

图 4-52　双排码垛搬运任务图

任务目标

1. 知识目标

（1）掌握 FOR 指令嵌套和 WHILE 指令嵌套的编程方法。

（2）掌握 FOR 指令嵌套和 WHILE 指令嵌套的区别。

（3）掌握双排码垛的不同编程方法。

2. 技能目标

（1）熟悉 FOR 指令嵌套和 WHILE 指令嵌套的编程方法。

（2）熟悉双排码垛的编程逻辑方法。

3. 素养目标

（1）培养学生良好的编程习惯。

（2）培养学生勇于创新的开拓意识。

相关知识

4.2.1　FOR 指令嵌套

FOR 指令嵌套

要实现双排码垛，可以在单排码垛的基础上，循环 2 次单排码垛。可以在单排 FOR 指令的基础上再加一个 FOR 指令，这样就形成 FOR 指令的嵌套，如图 4-53 所示。

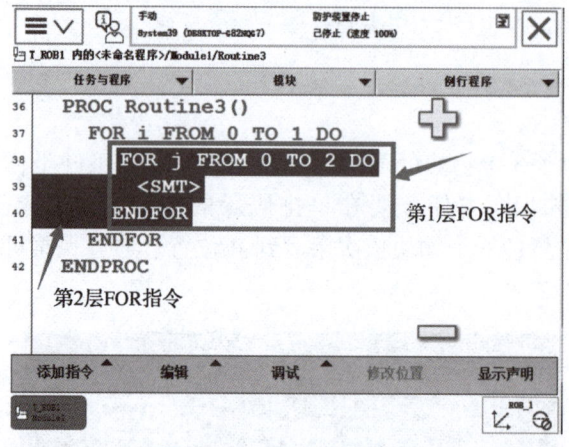

图 4-53　FOR 指令嵌套

接下来学习 FOR 指令嵌套的运行过程。

（1）在"数据类型：num"窗口新建一个数据 x，如图 4-54 所示。

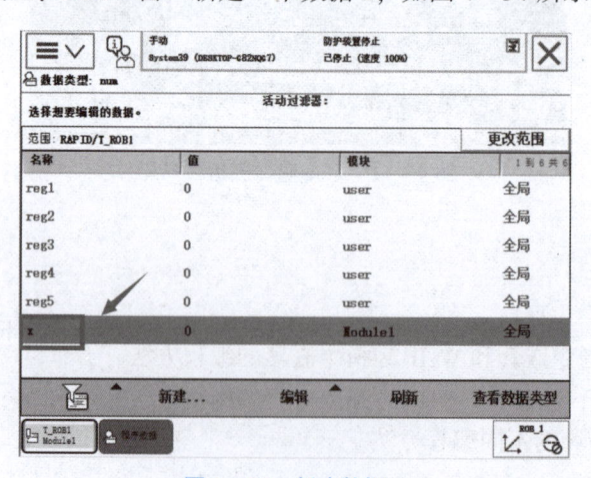

图 4-54　新建数据 x

（2）在程序里面添加 x 自加 1 语句，如图 4-55 所示；观察 x 值的变化，以便了解 FOR 指令嵌套的运行过程。

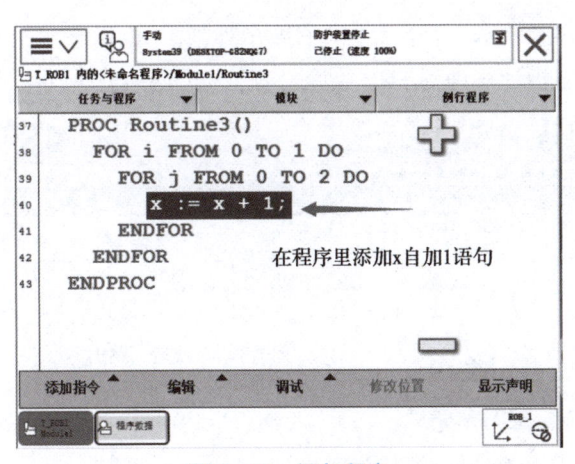

图 4-55 添加程序

(3) 如图 4-56 所示，单步运行程序 3 次，观察数据 x 的变化，此时 x 的值变为 3。

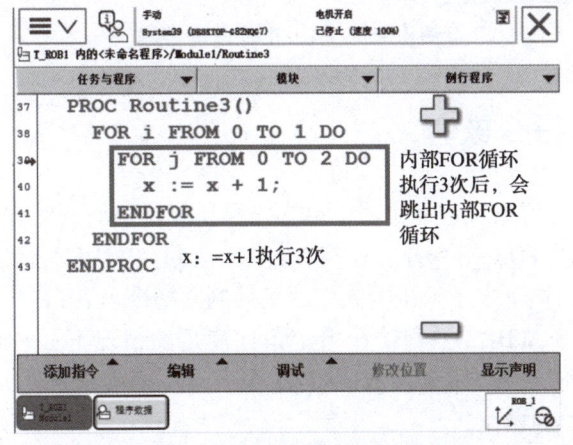

图 4-56 单步执行完内部 FOR 指令

(4) 单步运行程序 3 次后，机器人程序指针重新回到外部 FOR 指令，此时 i 变为 1，但仍满足外部 FOR 指令（0~1）条件，所以不会跳出外部 FOR 指令，如图 4-57 所示。

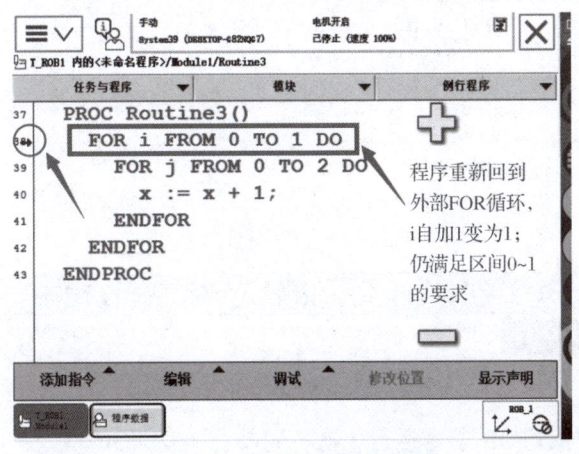

图 4-57 执行外部 FOR 指令

135

(5) 单步运行程序 6 次后，i 变为 2，不满足外部 FOR 指令（0~1）条件，跳出外部 FOR 指令；机器人程序指针移动到 FOR 指令外部，如图 4-58 所示。

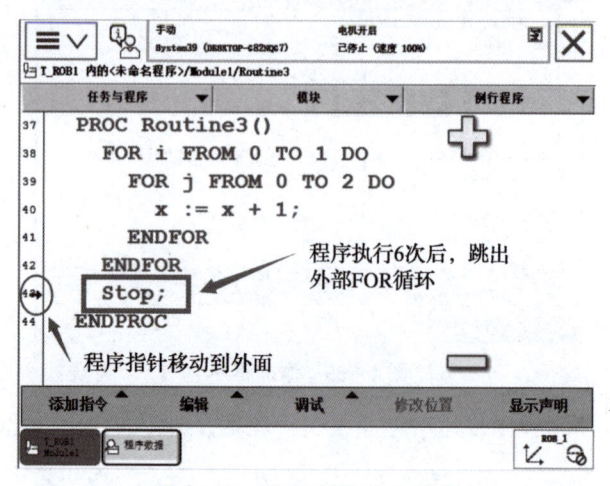

图 4-58　跳出外部 FOR 指令

4.2.2　WHILE 指令嵌套

利用 FOR 指令嵌套可以快速地实现由单排码垛到双排码垛的编程，那么还有其他方法吗？在 C 语言中，除了 FOR 指令外，还有 WHILE 指令。WHILE 指令与 FOR 指令功能相同，只是结构上不同。接下来学习机器人中的条件判断指令 WHILE。

(1) 条件判断指令 WHILE，用于在给定条件满足的情况下，一直重复执行对应的指令。先创建图 4-59 所示的程序，在 WHILE 指令中，只要满足条件 num1 > num2，就一直执行 num1 := num1 - 1 的操作。

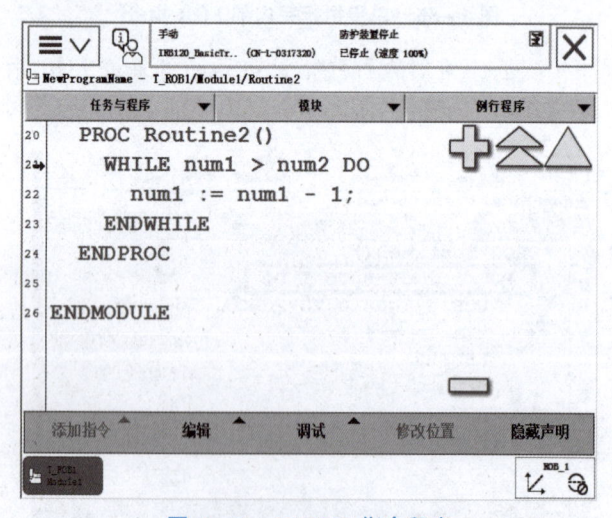

图 4-59　WHILE 指令程序

(2) 4.2.1 节中内部 FOR 指令运行 3 次，每执行 1 次 FOR 指令，i 会自动加 1，x 的值最后变为 3。想要完成同样的效果，用 WHILE 指令怎么编写？可以使用一个变量 n 来实现

WHILE 指令的条件判断，使用语句 n = n + 1，实现每执行 1 次 WHILE 指令，n 自加 1。WHILE 指令循环判断程序如图 4 – 60 所示。

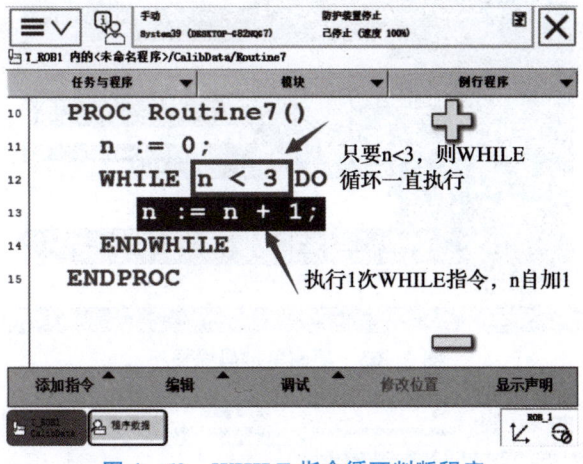

图 4 – 60　WHILE 指令循环判断程序

任 务 实 施

首先使用 FOR 指令嵌套来实现机器人的双排码垛。

（1）双排码垛，其实就是使用 FOR 指令将单排码垛程序，重复执行 2 次，如图 4 – 61 所示。

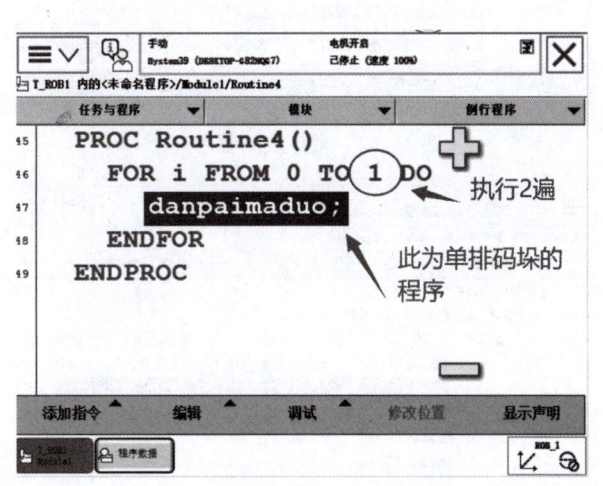

首先使用 FOR 指令嵌套来实现机器人的双排码垛

图 4 – 61　双排码垛 For 指令嵌套示例

（2）将单排码垛程序复制到双排码垛程序里面，如图 4 – 62 所示。

（3）如图 4 – 63 所示，点位变量 pi 和 qi 需要修改，如果还是用单排码垛，当执行第 4 个的时候，会发现又重新回去搬第 1 个，即搬了第 1 行后要去搬第 2 行。

（4）按照图 4 – 64 所示修改点位变量 pi，朝 X 轴方向偏移 "i ∗ 31"。当 i 为 0 时，搬运的是第 1 行；当 i 为 1 时，搬运的是第 2 行。

（5）同理，按照图 4 – 65 所示修改点位变量 qi，修改完成后即可对程序进行调试运行。

图 4-62　复制单排码垛程序

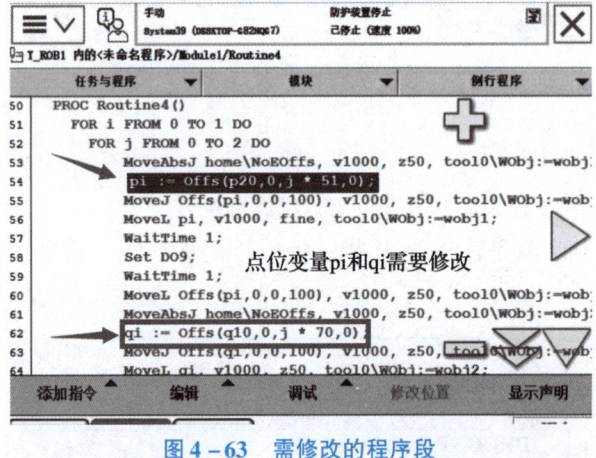

图 4-63　需修改的程序段

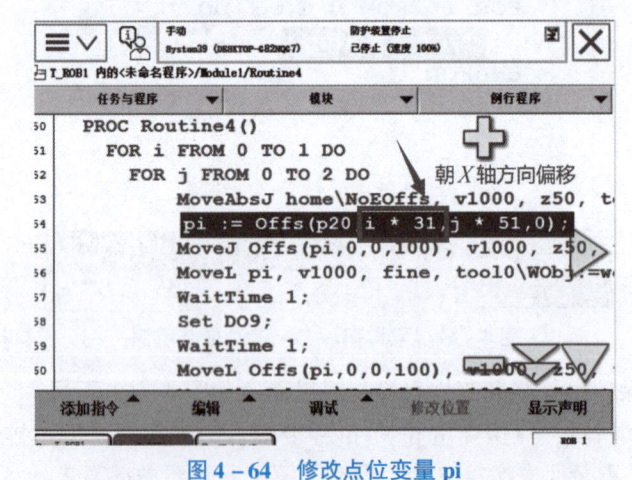

图 4-64　修改点位变量 pi

下面使用 WHILE 指令嵌套实现机器人双排码垛程序的编写

以上就快速完成了使用 FOR 指令实现由单排码垛到双排码垛的程序。

下面使用 WHILE 指令嵌套实现机器人双排码垛程序的编写。

（1）如图 4-66 所示，FOR 指令是通过自变量 j 来控制点位的偏移，因此可以把 FOR 指令单排码垛的程序直接复制应用到 WHILE 指令程序中。

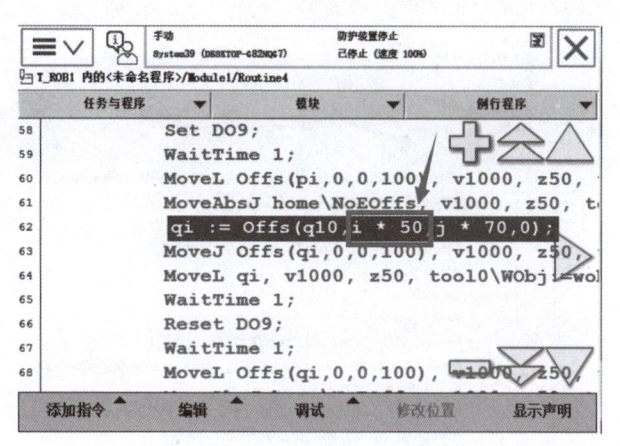

图 4-65　修改点位变量 qi

图 4-66　复制单排码垛程序

（2）将原先 FOR 指令程序的自变量 j 改成 WHILE 指令的自变量 n，即可用 WHILE 指令完成单排码垛，如图 4-67 所示。

图 4-67　修改程序

(3)使用 WHILE 指令嵌套的双排码垛程序，如图 4-68 所示。

```
PROC AAAAA()
    n := 0;
    m := 0;
    WHILE m < 2 DO          ← 第2层WHILE循环
        WHILE n < 3 DO      ← 第1层WHILE循环
            MoveAbsJ home\NoEOffs, v1000, z50, tool0\WObj:=wobj1;
            pi := Offs(p10,m * 70,n * 51,0);
            MoveJ Offs(pi,0,0,100), v1000, z50, tool0\WObj:=wobj1;
            MoveL pi, v1000, fine, tool0\WObj:=wobj1;
            WaitTime 1;
            Set DO9;
            WaitTime 1;
            MoveL p10, v1000, z50, tool0\WObj:=wobj1;
            MoveAbsJ home\NoEOffs, v1000, z50, tool0\WObj:=wobj2;
            qi := Offs(q10,m* 70,n* 51,0);
            MoveJ Offs(pi,0,0,100), v1000, z50, tool0\WObj:=wobj2;
            MoveL qi, v1000, z50, tool0\WObj:=wobj2;
            WaitTime 1;
            Reset DO9;
            WaitTime 1;
            MoveL Offs(pi,0,0,100), v1000, z50, tool0\WObj:=wobj2;
            MoveAbsJ home\NoEOffs, v1000, z50, tool0\WObj:=wobj2;
            n := n + 1;      ← 列自加1
        ENDWHILE
        m := m + 1;          ← 行自加1
    ENDWHILE
ENDPROC
```

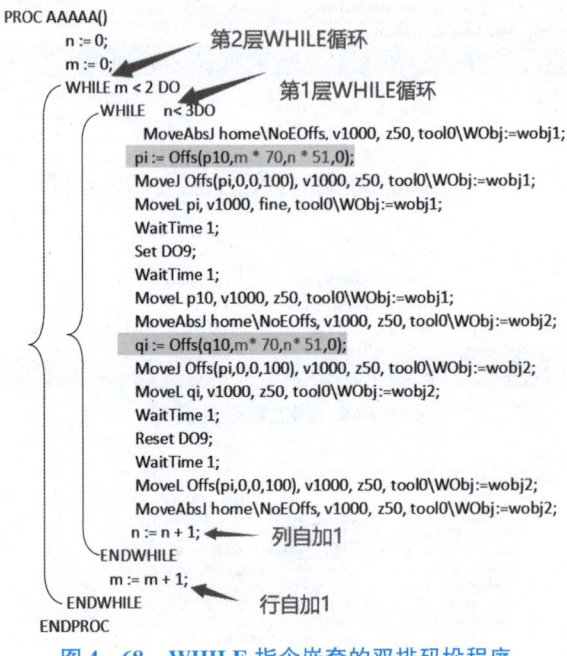

图 4-68　WHILE 指令嵌套的双排码垛程序

任务评价

具体评价标准与要求如表 4-3 所示。

表 4-3　评价标准与要求

评分项目	考核内容及要求	分值	评分细则	自评分	互评分	师评分
理论知识	FOR 指令嵌套语句的使用	10	正确使用 FOR 指令嵌套语句			
	WHILE 指令嵌套语句的使用	10	正确使用 WHILE 指令嵌套语句			
实操技能	程序的单步调试	10	能够使用程序单步调试检测程序的准确性			
	FOR 指令嵌套双排码垛程序的编写	25	能够正确编写 FOR 指令嵌套双排码垛程序			
	WHILE 指令嵌套双排码垛程序的编写	25	能够正确编写 WHILE 指令嵌套双排码垛程序			
素养目标	提升团队协作意识	10	能够与各个成员分工协作、积极参与			
	提升开拓进取意识	10	能够尝试用不同方法编写双排码垛程序			

续表

评分项目	考核内容及要求	分值	评分细则	自评分	互评分	师评分
任务总结	（包括理论知识、实操技能、素养目标）					
总评分						

任务 4.3　一字码垛

任务描述

在任务 4.2 中，完成了 6 个物块的双排码垛搬运，通过该任务，学习了 FOR 指令嵌套、WHILE 指令嵌套等知识。下面要在该任务的基础上，将 A 位置的 6 个物块依次搬运到 B 位置，摆成一排，如图 4-69 所示。

图 4-69　一字码垛搬运任务图

任务目标

1. 知识目标

（1）掌握不同码垛问题的程序分析方法。
（2）掌握不同一字码垛的编程逻辑算法。

2. 技能目标

（1）熟悉不同一字码垛的编程逻辑算法。
（2）能够将码垛任务运用于实际生产中。

3. 素养目标

（1）培养学生精益求精的工匠精神。
（2）增强学生勇于创新的开拓意识。

任务实施

1. 任务分析

（1）根据观察，可以发现 A 位置的 6 个物块的摆放位置没有变化，还是 2 行 3 列，如图 4-70 所示。

图 4-70　一字码垛 A 位置示意图

（2）B 位置的 6 个物块的摆放位置与先前不一致，现在是排成一排，如图 4-71 所示。

图 4-71　一字码垛 B 位置示意图

（3）可以在双排码垛的基础上进行修改完成本次任务，只是 B 位置的点位偏移由原先的向 X 轴和 Y 轴偏移，变为只向 Y 轴偏移，如图 4-72 所示。

图 4-72　一字码垛 B 位置分析图

（4）因此，B 位置的点位变量 qi，其 X 轴方向的偏移值修改为 0；那 Y 轴方向怎么偏移？程序修改示意如图 4-73 所示。

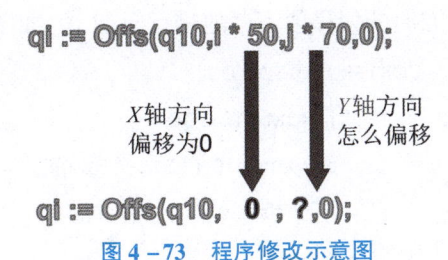

qI := Offs(q10,i * 50,j * 70,0);

X 轴方向偏移为 0   Y 轴方向怎么偏移

qI := Offs(q10, 0 , ?,0);

图 4-73　程序修改示意图

2. 程序编写

（1）要控制 B 位置的偏移量只朝 Y 轴方向偏移，先将 X 轴方向偏移值修改为 0，Y 轴方向使用 FOR 指令的循环变量计算偏移量，如图 4-74 所示。

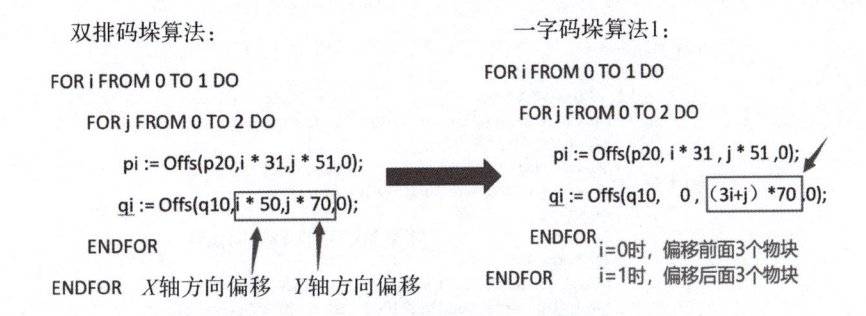

双排码垛算法：
```
FOR i FROM 0 TO 1 DO
    FOR j FROM 0 TO 2 DO
        pi := Offs(p20,i * 31,j * 51,0);
        qi := Offs(q10,i * 50,j * 70,0);
    ENDFOR
ENDFOR
```
X 轴方向偏移　Y 轴方向偏移

一字码垛算法 1：
```
FOR i FROM 0 TO 1 DO
    FOR j FROM 0 TO 2 DO
        pi := Offs(p20, i * 31 , j * 51 ,0);
        qi := Offs(q10, 0 ,（3i+j）*70 ,0);
    ENDFOR
ENDFOR
```
i=0 时，偏移前面 3 个物块
i=1 时，偏移后面 3 个物块

图 4-74　一字码垛程序修改方法 1

（2）这样就只需要在双排码垛的基础上将替换 qi 即可，如图 4-75 所示。

```
PROC Routine4()
    FOR i FROM 0 TO 1 DO
        FOR j FROM 0 TO 2 DO
            MoveAbsJ home\NoEOffs, v1000, z50, tool0\WObj:=wobj1;
            pi := Offs(p20,i * 31,j * 51,0);
            MoveJ Offs(pi,0,0,100), v1000, z50, tool0\WObj:=wobj1;
            MoveL pi, v1000, fine, tool0\WObj:=wobj1;
            WaitTime 1;
            Set DO9;
            WaitTime 1;
            MoveL Offs(pi,0,0,100), v1000, z50, tool0\WObj:=wobj1;
            MoveAbsJ home\NoEOffs, v1000, z50, tool0\WObj:=wobj2;
            qi := Offs(q10, 0 ,（3i+j）*70 ,0);
            MoveJ Offs(qi,0,0,100), v1000, z50, tool0\WObj:=wobj2;
            MoveL qi, v1000, fine, tool0\WObj:=wobj2;
            WaitTime 1;
            Reset DO9;
            WaitTime 1;
            MoveL Offs(qi,0,0,100), v1000, z50, tool0\WObj:=wobj2;
            MoveAbsJ home\NoEOffs, v1000, z50, tool0\WObj:=wobj2;
        ENDFOR
    ENDFOR
ENDPROC
```
pi 不变　　替换 qi

图 4-75　一字码垛程序 1

(3) 对于方法 1 中 qi 的 Y 轴偏移算法 qi: = Offs（q10, 0,（3i + j）* 70, 0），通常很难发现这个（3i + j）* 70 规律，而更倾向于想到搬 1 个物块就朝 Y 轴方向偏移 1 个距离，然后再偏移下一个，即 Y 轴方向的偏移值不断地进行自加 1，如图 4 – 76 所示。

```
FOR i FROM 0 TO 1 DO
    FOR j FROM 0 TO 2 DO
        pi := Offs(p20, i * 31, j * 51, 0);
        qi := Offs(q10,  0 , n*70 ,0);
        n := n+1;
    ENDFOR
ENDFOR
```

用变量n控制Y轴方向偏移，执行1次FOR指令，变量n自加1

图 4 – 76　一字码垛程序修改方法 2

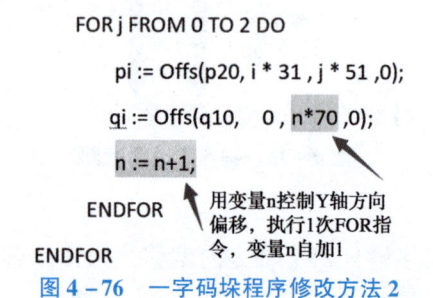

(4) 最终程序如图 4 – 77 所示。

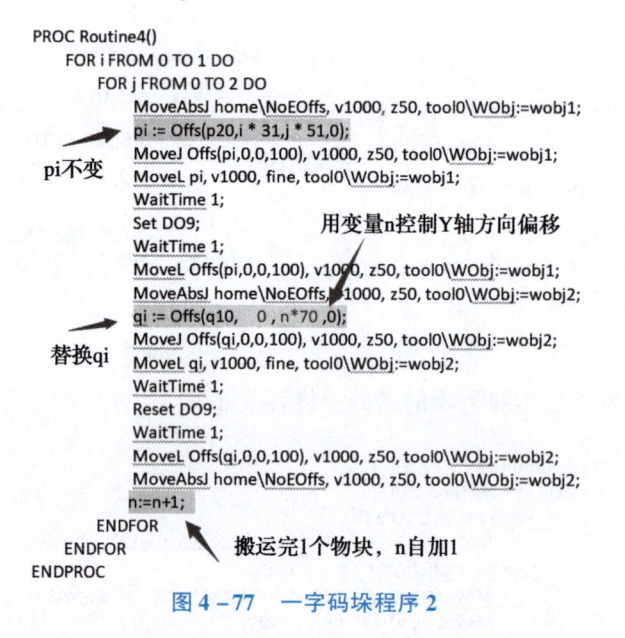

```
PROC Routine4()
    FOR i FROM 0 TO 1 DO
        FOR j FROM 0 TO 2 DO
            MoveAbsJ home\NoEOffs, v1000, z50, tool0\WObj:=wobj1;
            pi := Offs(p20,i * 31,j * 51,0);
            MoveJ Offs(pi,0,0,100), v1000, z50, tool0\WObj:=wobj1;
            MoveL pi, v1000, fine, tool0\WObj:=wobj1;
            WaitTime 1;
            Set DO9;
            WaitTime 1;
            MoveL Offs(pi,0,0,100), v1000, z50, tool0\WObj:=wobj1;
            MoveAbsJ home\NoEOffs, v1000, z50, tool0\WObj:=wobj2;
            qi := Offs(q10,  0 , n*70 ,0);
            MoveJ Offs(qi,0,0,100), v1000, z50, tool0\WObj:=wobj2;
            MoveL qi, v1000, fine, tool0\WObj:=wobj2;
            WaitTime 1;
            Reset DO9;
            WaitTime 1;
            MoveL Offs(qi,0,0,100), v1000, z50, tool0\WObj:=wobj2;
            MoveAbsJ home\NoEOffs, v1000, z50, tool0\WObj:=wobj2;
            n:=n+1;
        ENDFOR
    ENDFOR
ENDPROC
```

pi不变　　用变量n控制Y轴方向偏移　　替换qi　　搬运完1个物块，n自加1

图 4 – 77　一字码垛程序 2

任务评价

具体评价标准与要求如表 4 – 4 所示。

表 4 – 4　评价标准与要求

评分项目	考核内容及要求	分值	评分细则	自评分	互评分	师评分
理论知识	一字码垛方法 1 的程序编写	10	能够完成一字码垛方法 1 的程序编写			
	一字码垛方法 2 的程序编写	10	能够完成一字码垛方法 2 的程序编写			

续表

评分项目	考核内容及要求	分值	评分细则	自评分	互评分	师评分
实操技能	程序的单步调试	10	能够使用程序单步调试检测程序的准确性			
	一字码垛方法1的程序调试	25	能够实现一字码垛方法1的程序调试			
	一字码垛方法2的程序调试	25	能够实现一字码垛方法2的程序调试			
素养目标	操作态度	10	具有严谨、细致的工作态度			
	提升开拓进取意识	10	具有尝试用不同方法编写双排码垛程序			
任务总结	（包括理论知识、实操技能、素养目标）					
总评分						

任务 4.4　三层楼梯码垛

任务描述

任务4.3学习了一字码垛搬运，通过该任务可掌握机器人编程简单算法变化。本任务要在任务4.3的基础上，对一字码垛进行变化，完成三层楼梯码垛的搬运，如图4-78所示。

图 4-78　三层楼梯码垛搬运任务图

任务目标

1. 知识目标

（1）掌握三层楼梯码垛的程序设计方法。
（2）掌握数组的使用方法。

145

2. 技能目标

(1) 熟悉三层楼梯码垛的编程逻辑算法。

(2) 能够将课程码垛任务运用于实际生产中。

3. 素养目标

(1) 培养学生追求卓越的创新意识。

(2) 培养学生脚踏实地的工匠精神。

相关知识

相关知识

任务 4.3 通过 Offs 指令来实现点位偏移，但在使用偏移指令 Offs 时，如果定义的工件坐标有误差，则计算的点误差有时会比较大。接下来学习使用数组对点位进行存储编程。那什么是数组？将相同数据类型的元素按一定顺序排列的集合称为数组。

数组使用起来比较方便。比如，创建一个 robtarget 数据类型的数组 p_arry，p_arry 里有 10 个点位，走完 10 个位置就可以使用图 4-79 所示的代码，方便简洁。需要注意的是，ABB 机器人数组最大三维，数组起始序号是 1，不是 0。

```
                FOR循环   变量    初始值   最大值
                  ↓       ↓       ↓       ↓
                 FOR      i   FROM  1   TO  10   DO

                     MoveL   p_arry{i} , v500, z1, tool0;
                                ↑
                 ENDFOR      p_arry{i}为点数组
```

图 4-79 数组的使用

下面以机器人常用运动指令（MoveJ、MoveL、MoveC）所需点位数据类型（robtarget）为例讲解数组的创建。

(1) 首先进入"程序数据-已用数据类型"窗口，选择数据类型"robtarget"选项，如图 4-80 所示。

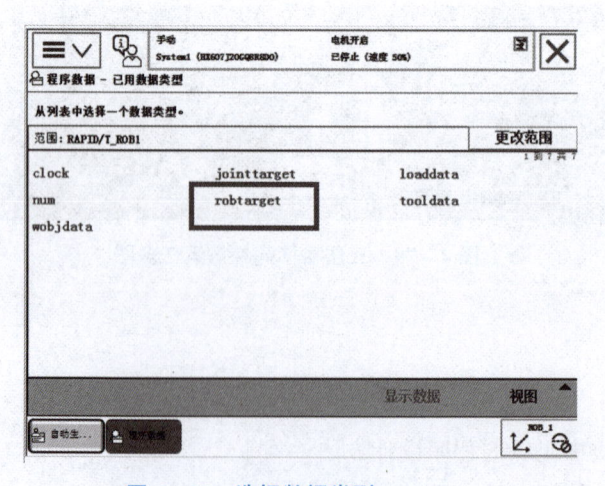

图 4-80 选择数据类型 robtarget

146

(2)单击"新建"按钮,在"新数据声明"窗口中设置"名称""维数"(举例为1维)以及每个维度的元素数量(举例为10),如图4-81所示。

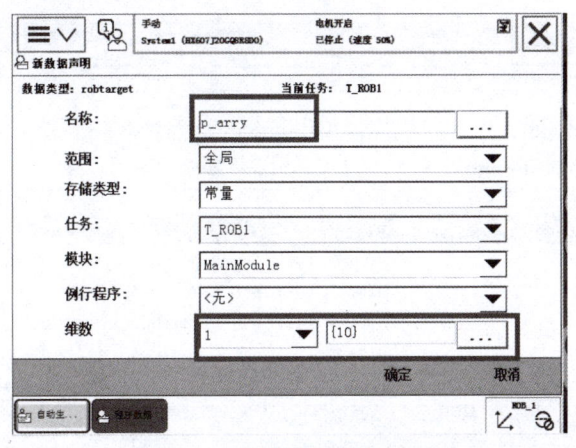

图4-81 新建数组操作 p_arry

(3)单击"确定"按钮,即可看到 p_arry 数组,如图4-82所示。

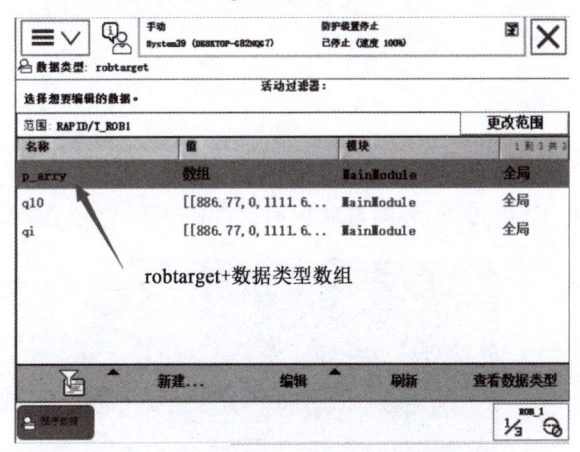

图4-82 p_arry 数组创建完成

(4)单击 p_arry 数组,就可以看到该数组包含的10个点位,如图4-83所示。

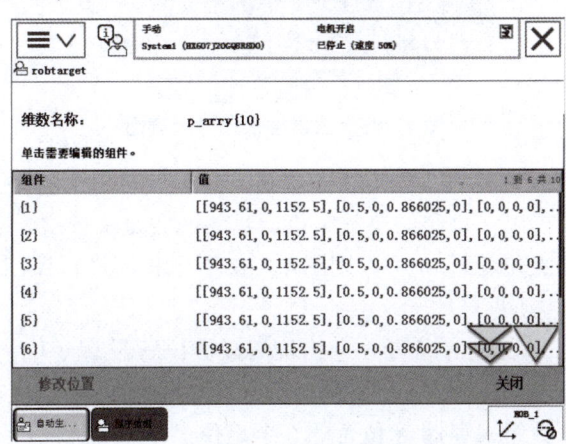

图4-83 p_arry 数组

(5) 选中数组的第 1 个点位，并将机器人移动到相应位置，单击"修改位置"按钮，即可完成第 1 个点位的示教，如图 4-84 所示。同理，可完成剩余点位的示教。

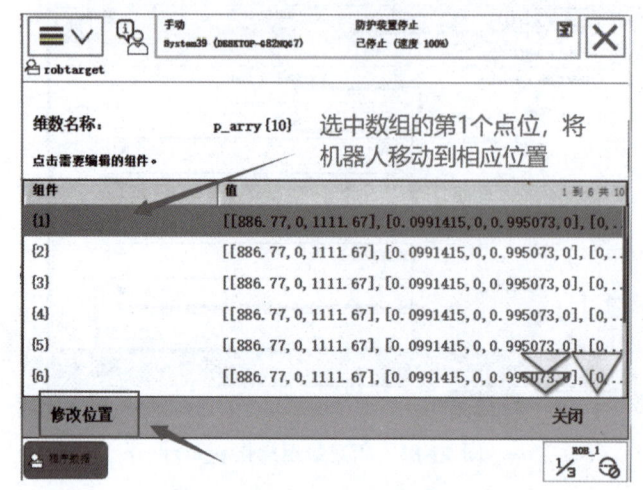

图 4-84 示教数组中的点位

任务实施

1. 任务分析

(1) B 位置的 6 个物块摆放位置与先前不一致，现在是排成 3 层。物块的偏移不再只朝着一个方向偏移，在 Y 轴、Z 轴方向都要偏移，建立工件坐标系如图 4-85 所示。

图 4-85 三层楼梯码垛示意图

(2) 根据观察可以发现，第 0 层有 3 个物块，第 1 层有 2 个物块，第 3 层有 1 个物块，如图 4-86 所示。可以得出：每层的层数 + 该层物块的数量 = 3。

(3) B 位置的 6 个点位变量 qi 可以用图 4-87 所示程序进行控制，其中 i 代表第几层，j 代表第 i 层共有多少个物块。

(4) 根据观察，可以发现 A 位置 6 个物块的摆放位置没有变化，还是 2 行 3 列。但由于在 B 位置放置物块使用了 FOR 指令嵌套，所以在 A 位置夹取物块就不方便使用 FOR 指令嵌套，这时可以使用数组来存储 A 位置的 6 个点位。

图4-86 三层楼梯码垛搬运任务分析图

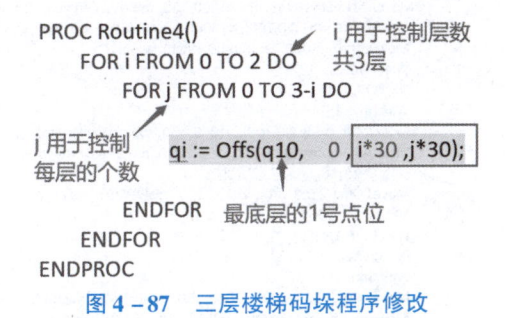

```
PROC Routine4()
    FOR i FROM 0 TO 2 DO          i 用于控制层数 共3层
        FOR j FROM 0 TO 3-i DO
            qi := Offs(q10, 0, i*30, j*30);
        ENDFOR                     最底层的1号点位
    ENDFOR
ENDPROC
```

j 用于控制每层的个数

图4-87 三层楼梯码垛程序修改

2. 程序编写

（1）新建 robtarget 数据类型的点位数组 p{6}，并示教，如图4-88所示。

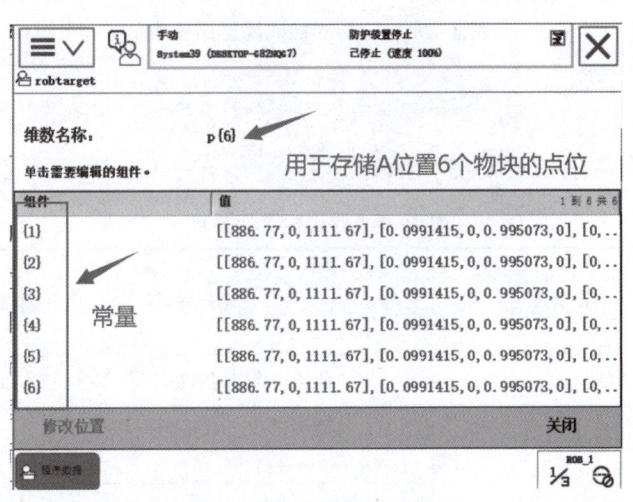

图4-88 新建点位数组

（2）新建变量 n，用 n 控制点位数组 p{n}，每执行 1 次 FOR 指令，即搬运完 1 个物块，变量 n 自加 1。当所有物块搬运完成后，将 n 赋初始值 0，以便进行下个周期的搬运，如图4-89所示。

149

```
PROC Routine4()
    FOR i FROM 0 TO 2 DO
        FOR j FROM 0 TO 3-i DO
            MoveAbsJ home\NoEOffs, v1000, z50, tool0\WObj:=wobj1;
            MoveJ Offs(p{n},0,0,100), v1000, z50, tool0\WObj:=wobj1;
            MoveL p{n}, v1000, fine, tool0\WObj:=wobj1;
            ..........
            ..........
            ..........
            n:=n+1;
        ENDFOR
    ENDFOR
    n:=0;
ENDPROC
```

A位置的点位数组p{n}；
n=0，为p{0}
n=1，为p{1}
执行完1次搬运对n自加1
搬运完所有物块后，使n恢复初始值0

图4-89 程序修改

（3）最终程序如图4-90所示。

```
PROC Routine4()
    FOR i FROM 0 TO 2 DO          每层的物块数量不一样
        FOR j FROM 0 TO 3-i DO
            MoveAbsJ home\NoEOffs, v1000, z50, tool0\WObj:=wobj1;
            MoveJ Offs(p{n},0,0,100), v1000, z50, tool0\WObj:=wobj1;
            MoveL p{n}, v1000, fine, tool0\WObj:=wobj1;
            WaitTime 1;
            Set DO9;
            WaitTime 1;
            MoveL Offs(p{n},0,0,100), v1000, z50, tool0\WObj:=wobj1;
            MoveAbsJ home\NoEOffs, v1000, z50, tool0\WObj:=wobj2;
            qi := Offs(q10, 0, i*30 ,j*30);
            MoveJ Offs(qi,0,0,100), v1000, z50, tool0\WObj:=wobj2;
            MoveL qi, v1000, z50, tool0\WObj:=wobj2;
            WaitTime 1;
            Reset DO9;
            WaitTime 1;
            MoveL Offs(qi,0,0,100), v1000, z50, tool0\WObj:=wobj2;
            MoveAbsJ home\NoEOffs, v1000, z50, tool0\WObj:=wobj2;
            n:=n+1;
        ENDFOR
    ENDFOR
    n:=0;
ENDPROC
```

B位置物块的点位

图4-90 三层楼梯码垛搬运程序

任务评价

具体评价标准与要求如表4-5所示。

表4-5 评价标准与要求

评分项目	考核内容及要求	分值	评分细则	自评分	互评分	师评分
理论知识	数组的使用方法	10	能够正确使用数组			
	三层楼梯码垛程序的编写	10	能够完成三层楼梯码垛程序的编写			
实操技能	程序的单步调试	10	能够利用程序单步调试检测程序的准确性			
	数组点位的示教	20	能够实现数组点位的示教			
	三层楼梯码垛程序的调试	30	能够实现三层楼梯码垛程序的调试			

续表

评分项目	考核内容及要求	分值	评分细则	自评分	互评分	师评分
素养目标	操作态度	10	具有严谨、细致的工作态度			
	提升开拓进取意识	10	能够尝试用不同方法编写双排码垛程序			
任务总结	(包括理论知识、实操技能、素养目标)					
总评分/分						

项目小结

本项目详细介绍了单排码垛、双排码垛、一字码垛和三层楼梯码垛的程序设计方法。重点讲述了循环指令 FOR 和 Offs 的使用方法以及 FOR 和 WHILE 指令嵌套编程方法。

（1）介绍了循环指令 FOR 和 Offs 指令的使用方法。
（2）介绍了工件坐标系的设定方法。
（3）讲述了程序数据和可变点位的创建方法。
（4）介绍了 FOR 和 WHILE 指令嵌套编程方法。
（5）介绍了双排码垛的编程逻辑方法。
（6）讲解了不同一字码垛的编程逻辑方法。
（7）介绍了三层码垛的编程逻辑方法。

项目 5

工业机器人物流分拣

项目介绍

随着科技的不断进步和工业自动化的发展，工业机器人在物流领域的应用也逐渐成为一个热门话题。其中，工业机器人物流分拣技术的引入，为物流行业带来了全新的发展机遇和挑战。工业机器人物流分拣是通过机器人技术及程序，实现对货物的自动分拣和处理。相比传统的人工分拣方式，工业机器人物流分拣具有高效、精准、可靠的特点，能够大幅提升物流分拣的速度和准确度，降低人力成本和错误率。

任务 5.1　物块位置交换

任务描述

本任务将进行物块位置的交换，要求通过机器人将托盘中的物块 1 与物块 2 互换位置，如图 5-1 所示。

图 5-1　物块交换

任务目标

1. 知识目标

（1）掌握程序调用指令 ProCall 的含义。

（2）掌握物块位置交换的原理。

（3）掌握物块搬运带参程序的创建方法。

2. 技能目标

（1）掌握带参程序的创建及使用方法。

（2）能够使用带参程序创建物块搬运模板程序。

（3）掌握 ProCall 指令调用例行程序的方法。

3. 素养目标

（1）培养学生理论与实践相结合的能力。

（2）培养学生的创新精神。

相关知识

5.1.1 带参程序介绍

带参程序介绍

在项目3的实训任务中建立了模块及 RAPID 例行程序，但这些例行程序都不带参数，如图 5-2 所示。

图 5-2 无参数例行程序

输入参数的例行程序可视为自定义指令。带参数的例行程序（简称带参程序）使用比较方便，不用关心内部实现过程。图 5-3 所示为一个长方形求周长的程序，只需要将长（a）和宽（b）输入程序，即可得到周长 L，此程序对不同的长方形都适用。

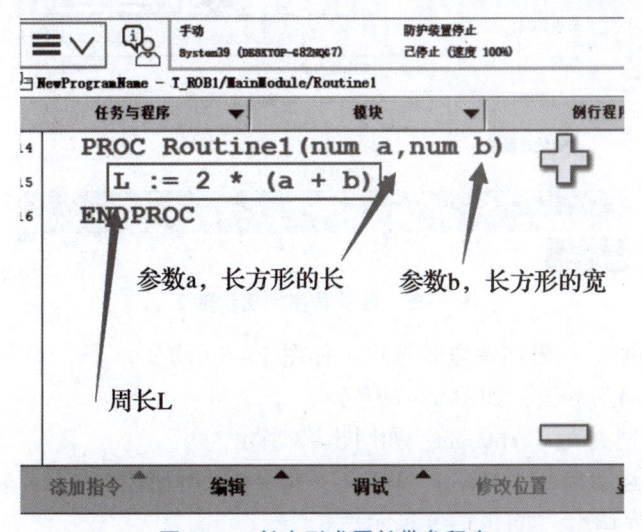

图 5-3 长方形求周长带参程序

153

5.1.2 带参程序创建步骤

(1) 单击 ABB 主菜单按钮，选择"程序编辑器"→"模块"→"新建模块"选项，完成程序模块的创建，然后选择"文件"→"新建例行程序"选项，如图 5-4 所示。

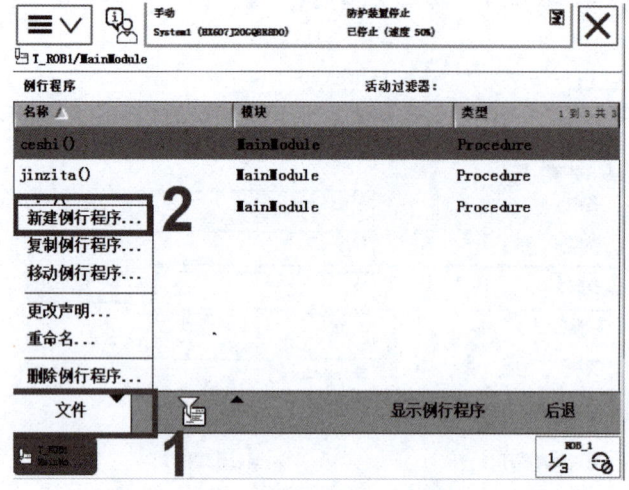

图 5-4 带参程序创建步骤 1

(2) 按照图 5-5 所示修改例行程序名称及参数，如图 5-5 所示。

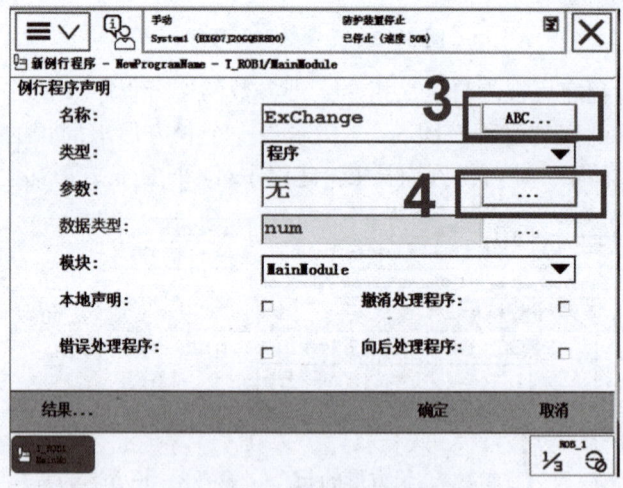

图 5-5 带参程序创建步骤 2

(3) 选择"添加"→"添加参数"选项，如图 5-6 所示。
(4) 将参数命名为 pos1，如图 5-7 所示。
(5) 将数据类型更改为 robtarget，如图 5-8 所示。
(6) 这里是把运动指令（MoveJ、MoveL、MoveC）所使用的 robtarget 数据类型点位数据作为参数，供程序调用，如图 5-9 所示。

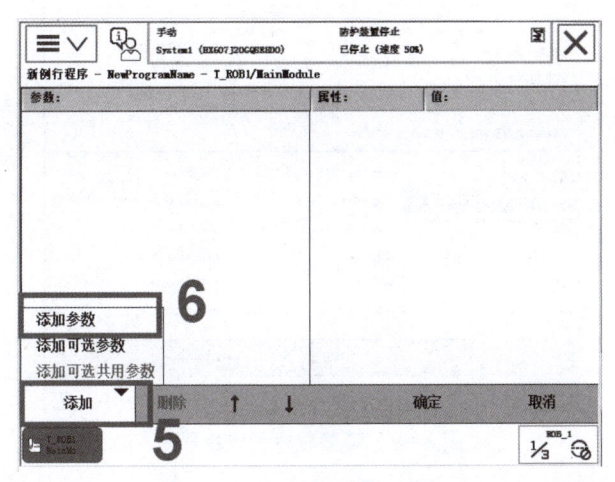

图 5-6 带参程序创建步骤 3

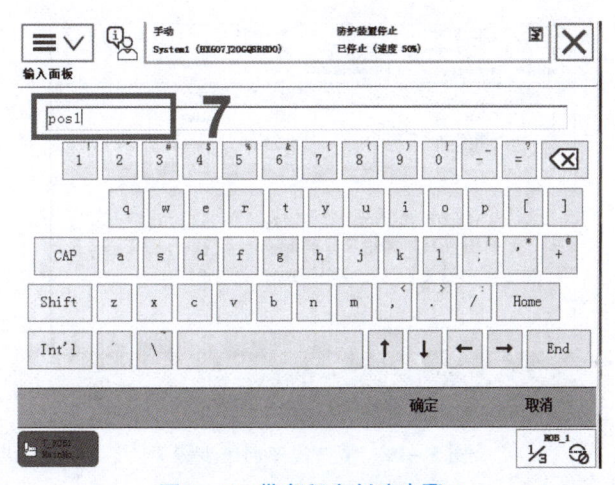

图 5-7 带参程序创建步骤 4

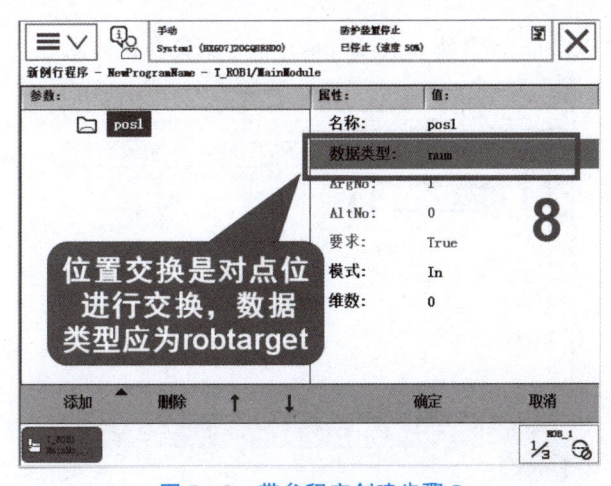

位置交换是对点位进行交换，数据类型应为 robtarget

图 5-8 带参程序创建步骤 5

155

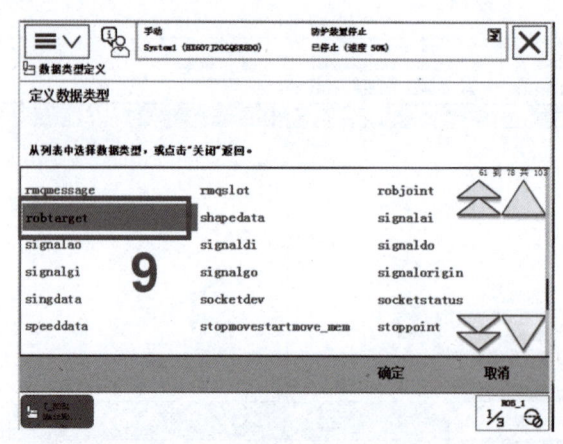

图 5 – 9　带参程序创建步骤 6

（7）由于需要对两个点进行交换，因此同理可以再设置 1 个 robtarget 数据类型的点位数据 pos2，如图 5 – 10 所示。

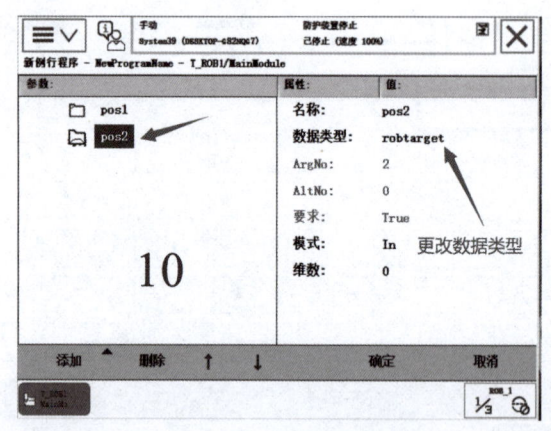

图 5 – 10　带参程序创建步骤 7

（8）例行程序 ExChange 新建完成之后，就可以在该例行程序里面编写程序，如图 5 – 11 所示。

注意：例行程序 ExChange 中的 pos1 和 pos2 不是真实存在的点。

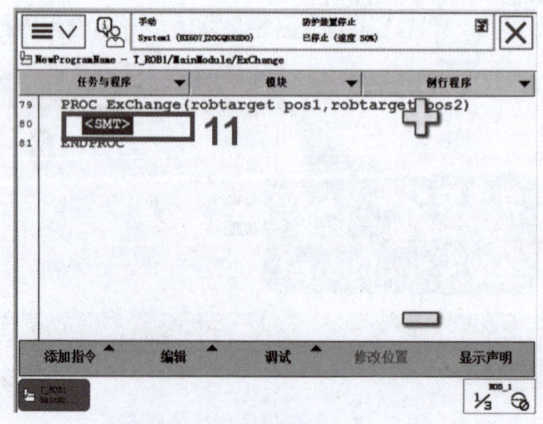

图 5 – 11　带参程序创建步骤 8

5.1.3　程序调用指令 ProCall

ABB 机器人程序调用指令 ProCall 程序是 ABB 机器人系统中的一个重要功能，它的含义是指挥机器人执行特定的任务或动作。通过 ProCall 指令，用户可以远程控制机器人进行各种操作，如移动、抓取物体、加工等。这个功能使 ABB 机器人在自动化生产中发挥了重要作用，提高了生产效率和质量。

ProCall 指令的使用方法比较简单，用户只需要输入特定的命令或代码，即可让机器人按照预先设定的程序执行相应任务。这种灵活性和便捷性使 ABB 机器人在各种工业场景中得到广泛应用。

ProCall 指令的程序调用过程如下。

（1）位置交换程序 ExChange 编写完成后，就可以调用该程序完成任意两个物块的交换。例如，要交换物块 4 和物块 5，具体操作如图 5-12 所示。

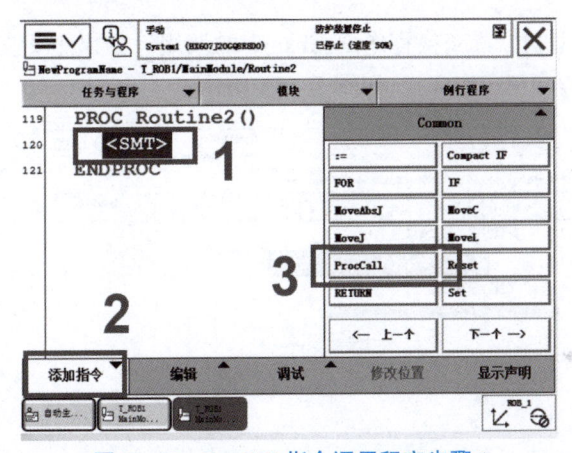

图 5-12　ProCall 指令调用程序步骤 1

（2）ProCall 为程序调用指令，选择刚创建好的带参程序 ExChange，单击"确定"按钮，如图 5-13 所示。

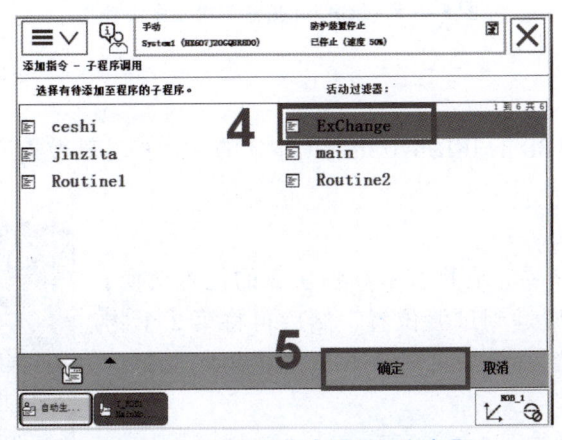

图 5-13　ProCall 指令调用程序步骤 2

(3)选择 p4 和 p5 点,如图 5-14 所示。

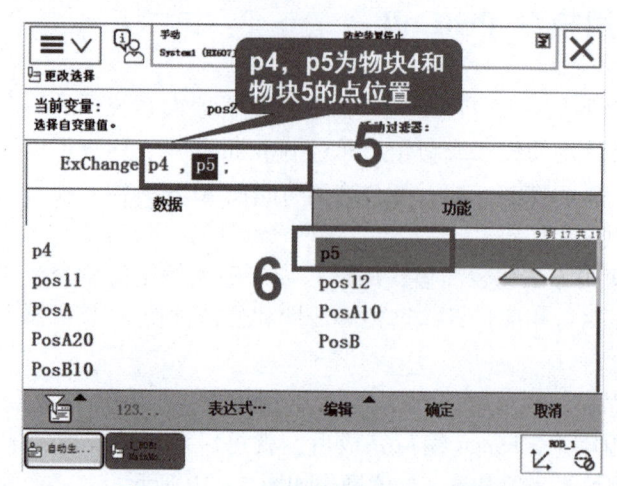

图 5-14 ProCall 指令调用程序步骤 3

(4)这样就可以完成位置交换程序 ExChange 的调用。如果想要交换其他 2 个位置的物块,则重复调用带参程序 ExChange,如图 5-15 所示。

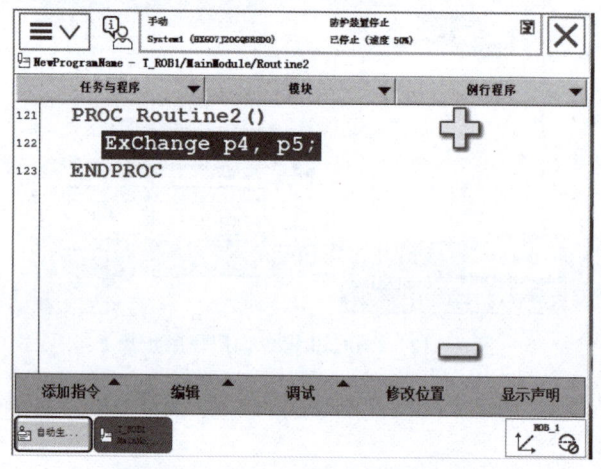

图 5-15 ProCall 指令调用程序步骤 4

任务实施

任务实施

本任务选用基于 ABB 的 IRB1410 机器人本体的 A01 型基础教学工作站实现物块位置交换功能。

1. 任务分析

如图 5-16 所示,要完成物块 1 和物块 2 的位置交换,首先要将第 1 个物块搬运到过渡位置,然后再将第 2 个物块搬运到物块 1 原位置,最后再从过渡位置将物块 1 搬运到物块 2 原位置。

机器人的动作流程如图 5-17 所示。

图 5-16 任务思路

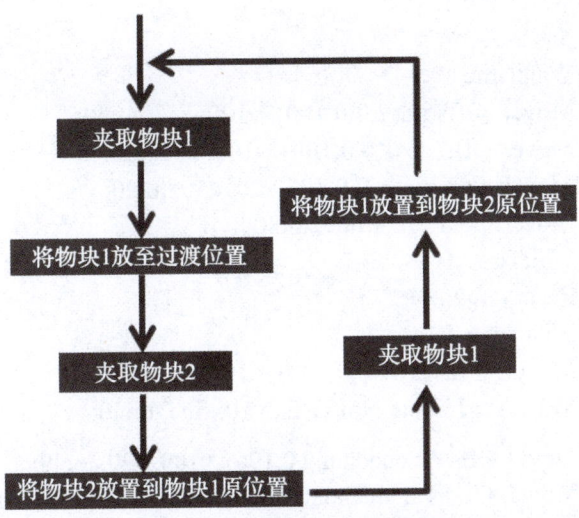

图 5－17　机器人的动作流程

2. 程序设计

程序设计如图 5－18 所示。

```
PROC ExChange(robtarget pos1,robtarget pos2)
    MoveAbsJ home\NoEOffs, v100, fine, tool0\WObj:=wobj0;
    WaitTime 1;
    Reset DO9;
    WaitTime 1;
    MoveJ Offs(pos1,0,0,100), v100, z50, tool0\WObj:=wobj0;
    MoveL Offs(pos1,0,0,10), v50, z50, tool0\WObj:=wobj0;
    MoveL pos1, v10, fine, tool0;
    WaitTime 1;
    Set DO9;                    机器人夹取pos1点的物块放置到过渡点
    WaitTime 1;
    MoveL Offs(pos1,0,0,100), v100, z20, tool0;
    MoveJ Offs(Guodudian,0,0,100), v100, z20, tool0;
    MoveL Offs(Guodudian,0,0,10), v50, z50, tool0\WObj:=wobj0;
    MoveL Guodudian, v50, fine, tool0;
    WaitTime 1;
    Reset DO9;
    WaitTime 1;
    MoveL Offs(Guodudian,0,0,100), v100, z50, tool0;

    MoveJ Offs(pos2,0,0,100), v100, z50, tool0;
    MoveL Offs(pos2,0,0,10), v50, z50, tool0;
    MoveL pos2, v10, fine, tool0;
```

图 5－18　程序设计

```
            WaitTime 1;
            Set DO9;          ← 夹紧物块
            WaitTime 1;
            MoveL Offs(pos2,0,0,100), v100, z50, tool0;
            MoveJ Offs(pos1,0,0,100), v100, z50, tool0;
            MoveL Offs(pos1,0,0,10), v20, z50, tool0;
            MoveL pos1, v10, fine, tool0;
            WaitTime 1;
            Reset DO9;        ← 放置物块
            WaitTime 1;
            MoveL Offs(pos1,0,0,100), v10, z50, tool0;
            MoveAbsJ home\NoEOffs, v10, fine, tool0;

            MoveJ Offs(Guodudian,0,0,100), v100, z20, tool0;
            MoveL Offs(Guodudian,0,0,10), v50, z50, tool0\WObj:=wobj0;
            MoveL Guodudian, v50, fine, tool0;
            WaitTime 1;
            Set DO9;          ← 夹取放置在过渡点的物块1
            WaitTime 1;
            MoveL Offs(Guodudian,0,0,100), v100, z50, tool0;
            MoveJ Offs(pos2,0,0,100), v100, z50, tool0;
            MoveL Offs(pos2,0,0,10), v50, z50, tool0;
            MoveL pos2, v10, fine, tool0;
            WaitTime 1;
            Reset DO9;        ← 将物块1搬运至pos2点
            WaitTime 1;
            MoveL Offs(pos2,0,0,100), v100, z50, tool0;
            MoveAbsJ home\NoEOffs, v100, fine, tool0\WObj:=wobj0;
            ENDPROC
```

图 5-18　程序设计（续）

任务评价

具体评价标准与要求如表 5-1 所示。

表 5-1　评价标准与要求

评分项目	考核内容及要求	分值	评分细则	自评分	互评分	师评分
理论知识	程序调用指令 ProCall 的含义	10	掌握程序调用指令 ProCall 的含义			
	物块位置交换的原理	10	掌握物块位置交换的原理			
	物块搬运带参程序的创建方法	10	掌握物块搬运带参例行程序创建			

续表

评分项目	考核内容及要求	分值	评分细则	自评分	互评分	师评分
实操技能	带参程序的创建及使用	10	掌握带参数的例行程序 RAPID 创建			
	使用带参程序创建物块搬运模板程序	10	能够使用带参程序创建物块搬运模板程序			
	使用 ProCall 指令调用例行程序	10	能够正确使用 ProCall 指令调用例行程序			
	使用 ABB 机器人完成物块交换任务	20	能够正确使用 ABB 机器人完成物块交换任务			
素养目标	团队协作意识	10	能够与各个成员分工协作、积极参与			
	程序调试能力	10	能够完成程序调试，实现最终效果			
任务总结	(包括理论知识、实操技能、素养目标)					
总评分						

任务 5.2　物流智能分拣

任务描述

任务描述

本任务要求完成简单的物块分拣。如图 5-19 所示，6 个物块摆放于左侧物料台上，通过机器人将 6 个物块分类依次摆放于右侧涂胶台上。

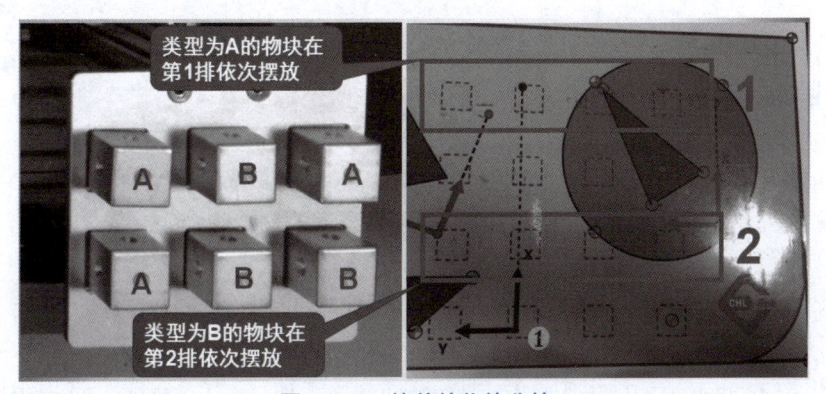

图 5-19　简单的物块分拣

如图 5-20 所示，操作人员通过机器人 I/O 状态显示面板上的拨钮开关给机器人输入信号（模拟视觉检测），识别是 A 类型还是 B 类型的物块。A 类型的物块在第 1 排依次摆放，B 类型的物块在第 2 排依次摆放。

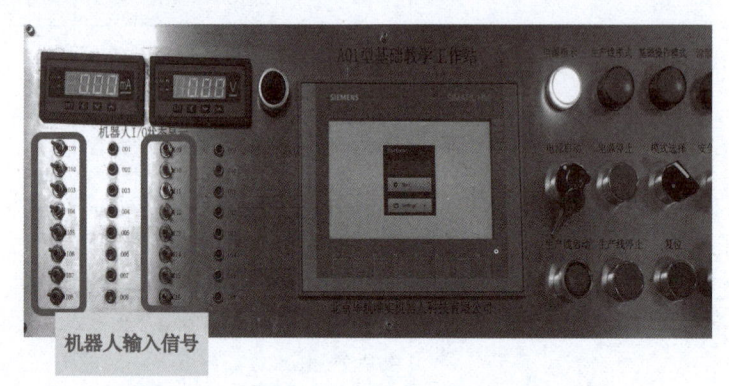

图 5-20　机器人 I/O 状态显示面板拨钮开关

任务目标

1. 知识目标
（1）掌握逻辑判断指令 IF 的用法。
（2）理解 IF 指令与 WHILE 指令的区别。
（3）掌握机器人 DI 输入信号的创建方法。

2. 技能目标
（1）能够创建机器人 DI 输入信号。
（2）能够正确使用逻辑判断指令 IF。
（3）能够进行物块智能分拣实训。

3. 素养目标
（1）培养学生理论与实践相结合的能力。
（2）培养学生的创新精神。

相关知识

5.2.1　逻辑判断指令 IF

逻辑判断指令 IF

（1）如图 5-21 所示，物块在进行分拣时，有可能放置在第 1 排，也有可能放置在第 2 排，需要机器人进行判断。这就需要用到机器人的逻辑判断指令，接下来学习逻辑判断指令 IF。

（2）IF 指令可使机器人根据不同的条件执行不同的指令，与 C 语言的 IF 指令类似；如图 5-22 所示，如果 i 等于 1，则置位 DO9。

（3）在"Common"选项组中选择"Prog. Flow"选项（"Common"选项组中是机器人的常用指令，IF 指令不在其中），如图 5-23 所示。

项目 5 工业机器人物流分拣

物块有可能放置在第1排，也有可能放置在第2排；需进行判断

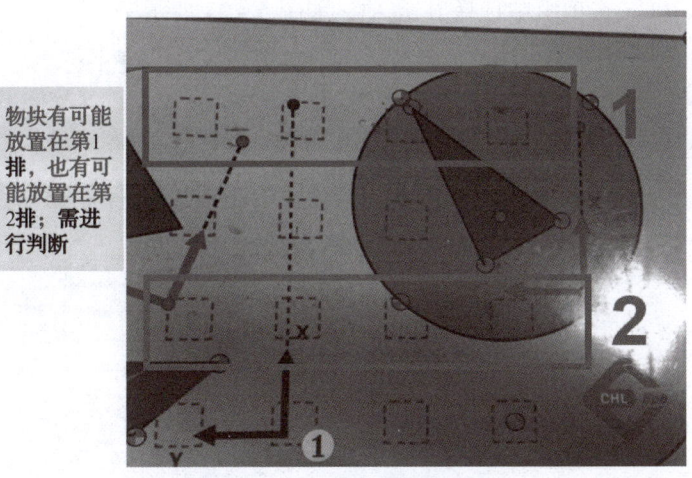

图 5-21 物块分拣放置位置

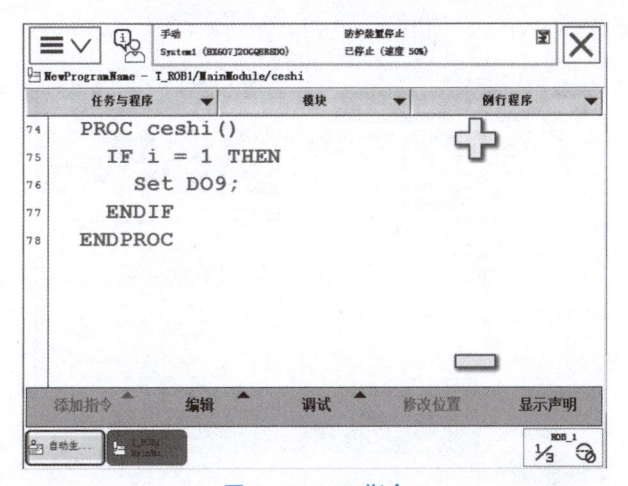

```
74  PROC ceshi()
75    IF i = 1 THEN
76      Set DO9;
77    ENDIF
78  ENDPROC
```

图 5-22 IF 指令

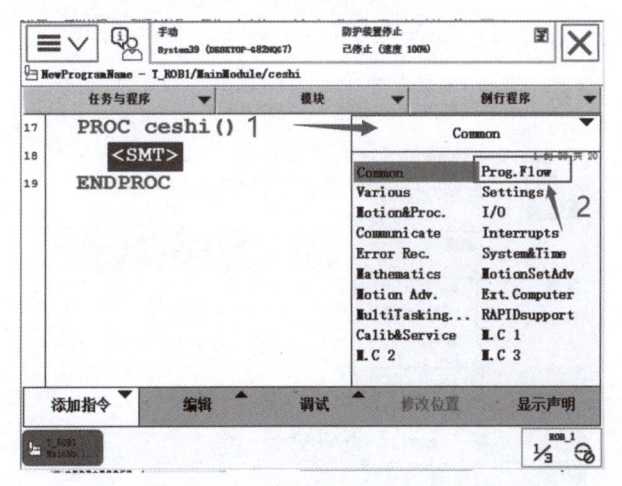

图 5-23 选择 Prog. Flow 选项

163

(4)在 Prog.Flow 选项组中选择 IF 选项,如图 5-24 所示。

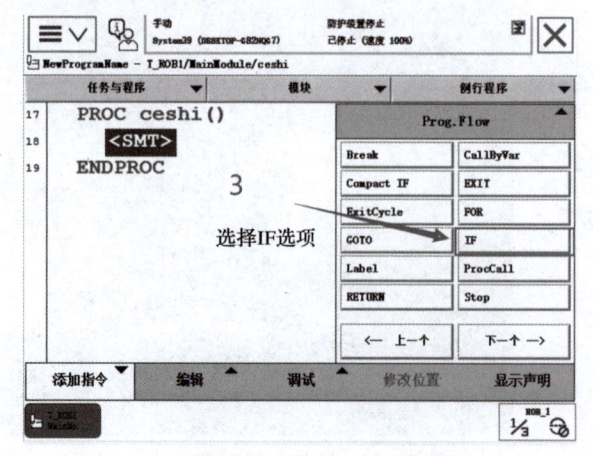

图 5-24　选择 IF 选项

(5)单击程序中的<EXP>,如图 5-25 所示。

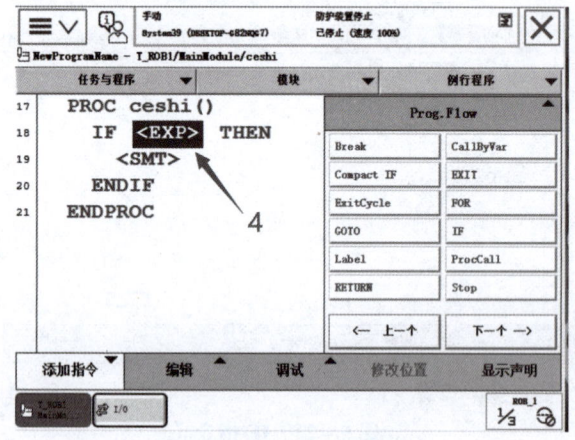

图 5-25　单击<EXP>

(6)选择"编辑"→"全部"选项,如图 5-26 所示。

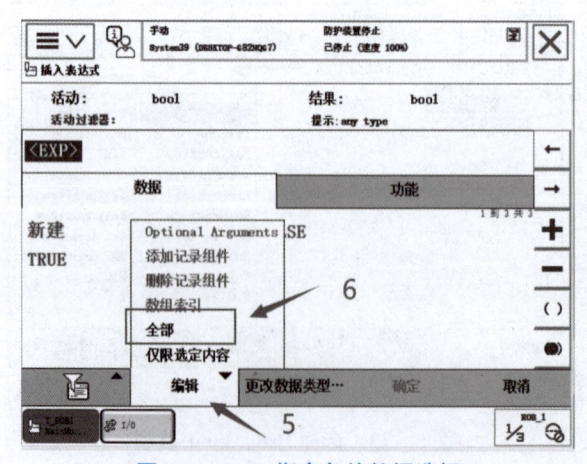

图 5-26　IF 指令条件数据选择

（7）在"插入表达式—全部"窗口的文本框中输入 i=1，如图 5-27 所示。

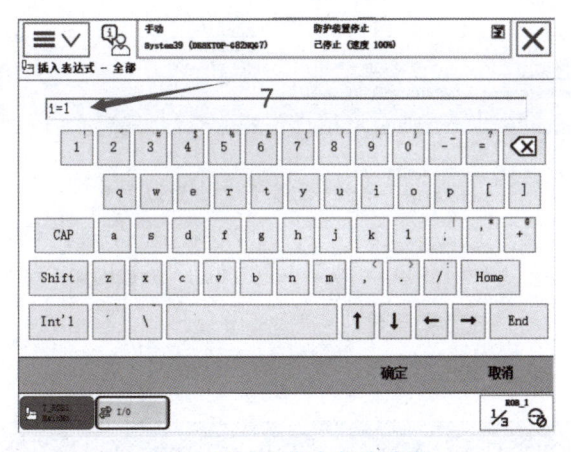

图 5-27　IF 指令条件赋值

（8）如果 IF 指令还有其他判断条件（如 i=2 或 i=3 等），则可以添加 ELSE 指令或 ELSEIF 指令。如图 5-28 所示，选中整个 IF 指令语句并双击。

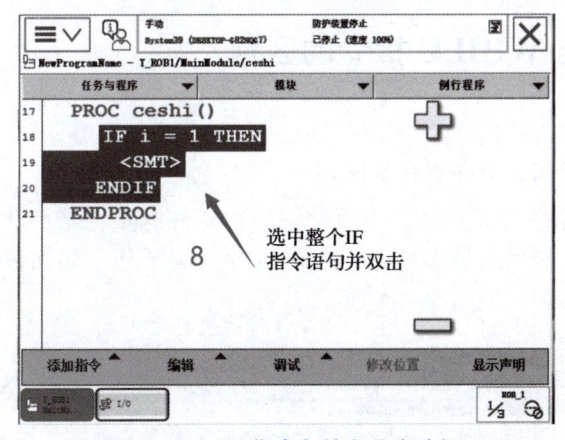

图 5-28　IF 指令条件多分支选择

（9）单击"添加 ELSE"或"添加 ELSE IF"按钮，如图 5-29 所示。

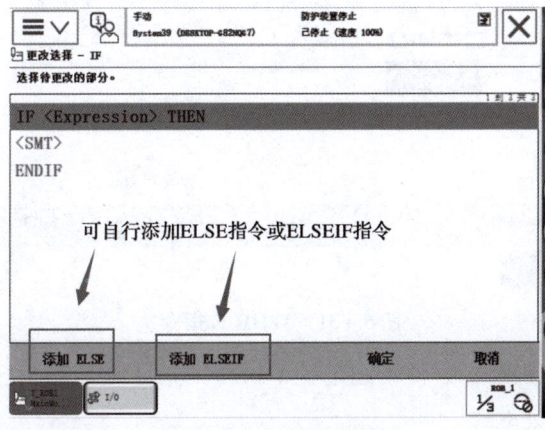

图 5-29　添加条件分支

165

（10）修改程序如图 5-30 所示。

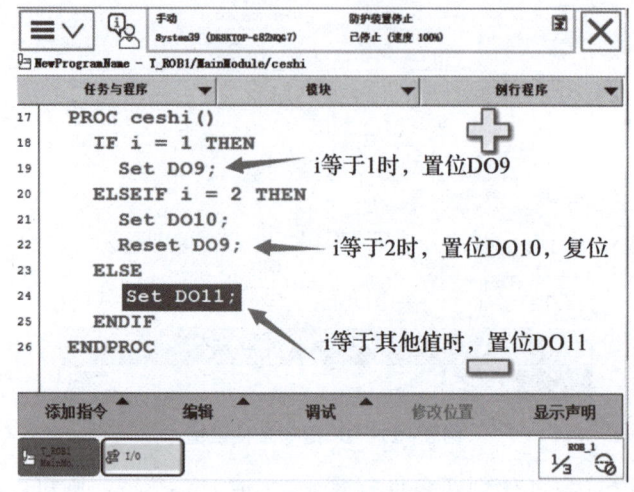

图 5-30　修改程序

IF 指令与 WHILE 指令的区别

5.2.2　IF 指令与 WHILE 指令的区别

在 4.2.2 节学习了条件判断指令 WHILE。WHILE 指令和 IF 指令都是当某个条件成立时，执行某条语句，那两者之间有什么区别？

WHILE 指令是用来执行循环的，也就是说只要条件满足，就会执行 1 次循环，执行完后会再判断 1 次条件，如果满足条件，则会再执行 1 次循环，周而复始，除非在循环中条件发生改变才会结束循环，如图 5-31 所示。

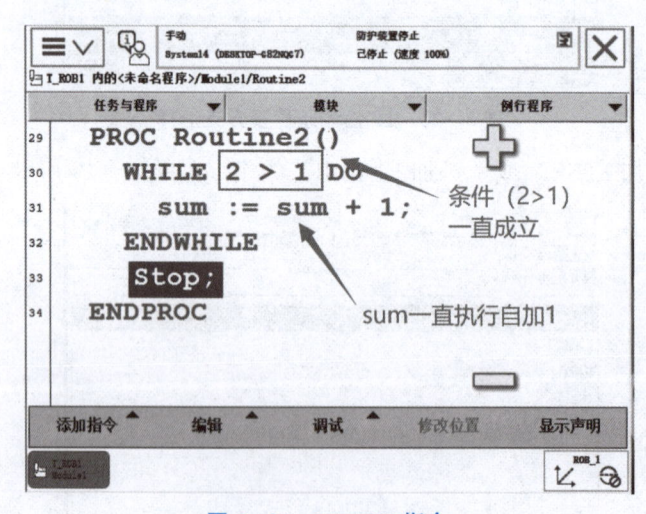

图 5-31　WHILE 指令

而 IF 指令只做 1 次判断，条件不满足就不执行；条件满足就执行 1 次，执行完就继续往下执行，如图 5-32 所示。

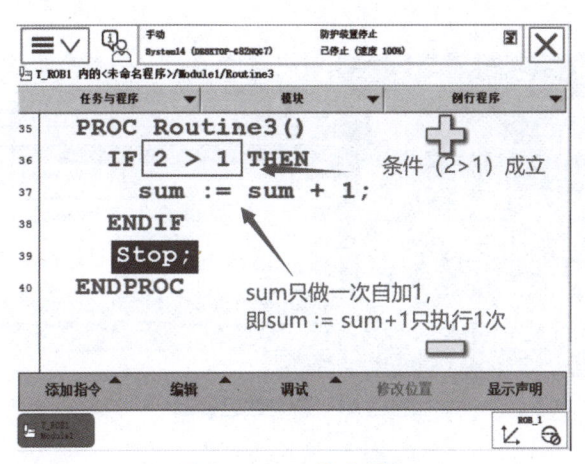

图 5-32 IF 指令循环

任务实施

本任务选用基于 ABB 的 IRB1410 机器人本体的 A01 型基础教学工作站实现物块智能分拣功能。

物块智能分拣程序编写步骤如下：

（1）物块智能分拣需要用到机器人的输入信号，机器人输入信号的配置方法详见 2.1.3 节，创建数字输入信号 DI0，如图 5-33 所示。

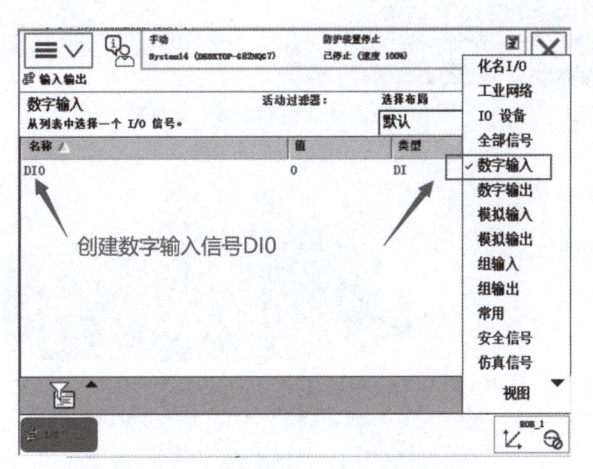

图 5-33 创建数字输入信号 DI0

（2）新建元素数量为 6、数据类型为 robtarget 的点数组 pos1，并修改点位数据，如图 5-34 所示。

（3）新建元素数量为 4、数据类型为 robtarget 的数组 pos2 和 pos3，并修改点位数据，如图 5-35 所示。

（4）从 pos1{i} 搬运物块程序如图 5-36 所示。

（5）根据 DI0 判断夹取的物块是 A 类还是 B 类（DI0 = 1 是 A 类物块，DI0 = 0 是 B 类物块），如图 5-37 所示。

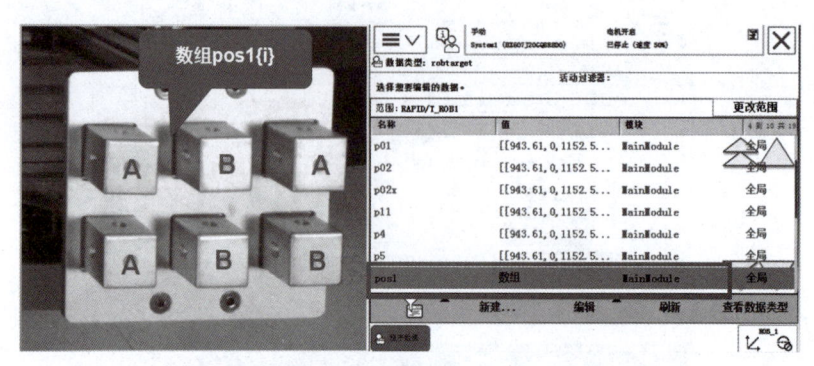

图 5-34 新建数组 pos1

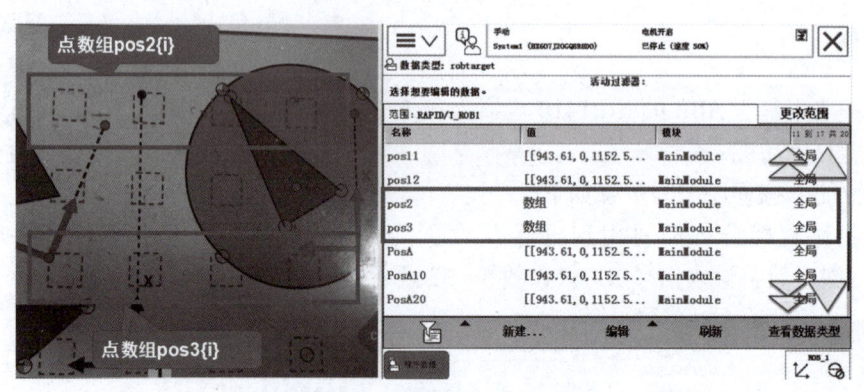

图 5-35 新建数组 pos2、pos3

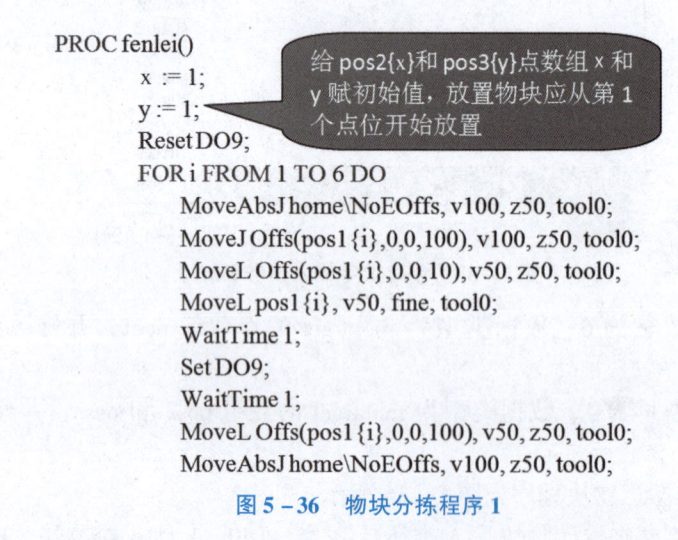

```
PROC fenlei()
    x := 1;
    y := 1;
    Reset DO9;
    FOR i FROM 1 TO 6 DO
        MoveAbsJ home\NoEOffs, v100, z50, tool0;
        MoveJ Offs(pos1{i},0,0,100), v100, z50, tool0;
        MoveL Offs(pos1{i},0,0,10), v50, z50, tool0;
        MoveL pos1{i}, v50, fine, tool0;
        WaitTime 1;
        Set DO9;
        WaitTime 1;
        MoveL Offs(pos1{i},0,0,100), v50, z50, tool0;
        MoveAbsJ home\NoEOffs, v100, z50, tool0;
```

给 pos2{x}和 pos3{y}点数组 x 和 y 赋初始值，放置物块应从第 1 个点位开始放置

图 5-36 物块分拣程序 1

```
            IF DI0 = 1 THEN
              MoveJ Offs(pos2{x},0,0,100), v100, z50, tool0;
              MoveL Offs(pos2{x},0,0,10), v50, z50, tool0;
              MoveL pos2{x}, v10, fine, tool0;
              WaitTime 1;
              Reset DO9;
              WaitTime 1;
              MoveL Offs(pos2{x},0,0,100), v50, z50, tool0;
              MoveAbsJ home\NoEOffs, v50, fine, tool0;
              x := x + 1;
            ELSE
              MoveJ Offs(pos3{y},0,0,100), v100, z50, tool0;
              MoveL Offs(pos3{y},0,0,10), v50, z50, tool0;
              MoveL pos3{y}, v10, fine, tool0;
              WaitTime 1;
              Reset DO9;
              WaitTime 1;
              MoveL Offs(pos3{y},0,0,100), v50, z50, tool0;
              MoveAbsJ home\NoEOffs, v50, fine, tool0;
              y := y + 1;
            ENDIF
          ENDFOR
          x := 1;
          y := 1;
        ENDPROC
```

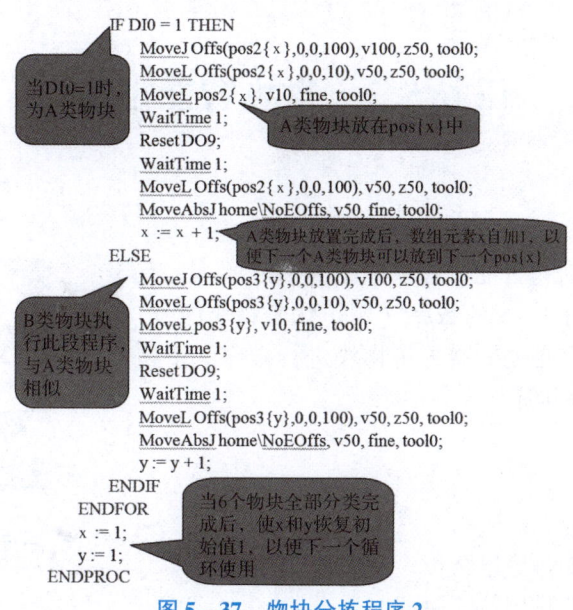

注释：
- 当 DI0=1 时，为 A 类物块
- A 类物块放在 pos{x} 中
- A 类物块放置完成后，数组元素 x 自加 1，以便下一个 A 类物块可以放到下一个 pos{x}
- B 类物块执行此段程序，与 A 类物块相似
- 当 6 个物块全部分类完成后，使 x 和 y 恢复初始值 1，以便下一个循环使用

图 5-37　物块分拣程序 2

任务评价

具体评价标准与要求如表 5-2 所示。

表 5-2　评价标准与要求

评分项目	考核内容及要求	分值	评分细则	自评分	互评分	师评分
理论知识	逻辑判断指令 IF 的用法	10	掌握逻辑判断指令 IF 的用法			
	IF 指令与 WHILE 指令的区别	10	理解 IF 指令与 WHILE 指令的区别			
	机器人 DI 输入信号的创建方法	10	掌握机器人 DI 输入信号的创建方法			
实操技能	创建机器人 DI 输入信号	10	能够创建机器人 DI 输入信号			
	使用逻辑判断指令 IF	10	能够正确使用逻辑判断指令 IF			
	使用 ABB 机器人完成物块智能分拣任务	30	能够正确使用 ABB 机器人完成物块智能分拣任务			
素养目标	提升团队协作意识	10	能够与各个成员分工协作、积极参与			
	培养程序调试能力	10	能够完成程序调试，实现最终效果			
任务总结	（包括理论知识、实操技能、素养目标）					
总评分						

任务 5.3　物块智能排序

任务描述

本任务要求完成物块智能排序。如图 5-38 所示，有 5 个物块，在其上分别标有 1~5 的数字（用于代表物块序号）。先对物块随机摆放，然后通过机器人将物块进行排序，使物块最后按照由小到大的顺序排序。

任务目标

1. 知识目标

（1）掌握物块智能排序思路。

（2）理解物块智能排序算法原理。

（3）理解机器人视觉模拟方法。

2. 技能目标

能够通过机器人完成物块智能排序。

3. 素养目标

（1）培养学生理论与实践相结合的能力。

（2）培养学生的创新精神。

图 5-38　物块智能排序

相关知识

下面介绍物块智能排序算法原理。

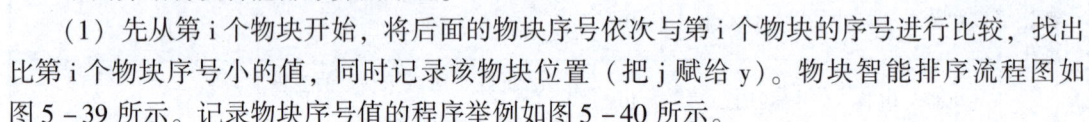

（1）先从第 i 个物块开始，将后面的物块序号依次与第 i 个物块的序号进行比较，找出比第 i 个物块序号小的值，同时记录该物块位置（把 j 赋给 y）。物块智能排序流程图如图 5-39 所示。记录物块序号值的程序举例如图 5-40 所示。

（2）当机器人找到比第 i 个物块序号值要小的物块 j 后，就需要把第 i 个物块和第 j 个物块进行位置交换；同时要把第 i 个物块和第 j 个物块的序号值进行交换。

这里可以编写一个物块交换通用带参程序，如图 5-41 所示。

（3）物块交换过程中，可以把图 5-42 所示的过渡点作为两个物块交换的过渡位置。

（4）如果序号值最小的物块 y 不是当前物块 i，则需要交换物块位置，交换物块位置是用 p10{6} 作为过渡点；如果序号值最小的物块 y 是当前物块 i，则不需交换物块位置。交换物块位置的 IF 指令语句如图 5-43 所示。

【任务实施】

1. 任务分析

在机器人中，创建一个 robtarge 类型的数组 p10{6}，用于存储物块位置信息，以便后面进行物块位置交换，如图 5-44 所示。

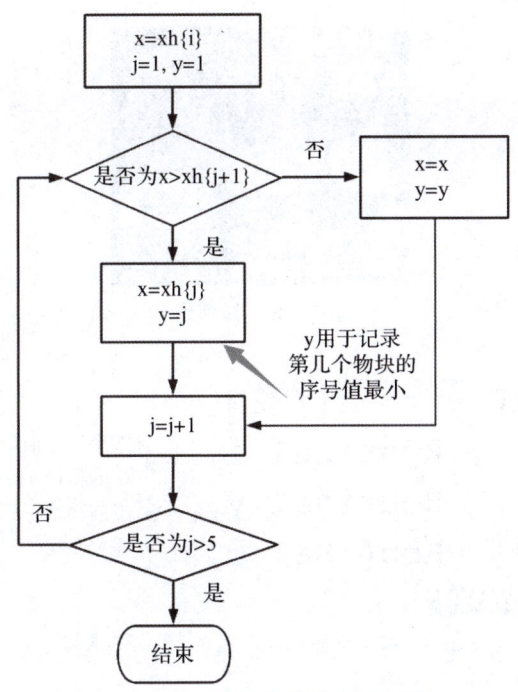

图 5 – 39　物块智能排序流程图

```
x := xh{i};
y := i;
FOR j FROM i + 1 TO 5 DO
    IF x > xh{j} THEN
        x := xh{j};
        y := j;
    ENDIF       y 用于记录第几个物块的序
ENDFOR          号值最小
```

图 5 – 40　记录物块序号值的程序举例

```
PROC Routine1(num num1,num num2)
    MoveJ Offs(p10{num1},0,0,150), v200, fine, tool0;
    MoveL p10{num1}, v200, fine, tool0;
    WaitTime 0.5;
    Set DO9;
    WaitTime 0.5;                    两个物块位置交换
    MoveL Offs(p10{num1},0,0,150), v200, fine, tool0;
    MoveJ Offs(p10{num2},0,0,150), v200, fine, tool0;
    MoveL p10{num2}, v200, fine, tool0;
    WaitTime 0.5;
    Reset DO9;
    WaitTime 0.5;
    MoveL Offs(p10{num2},0,0,150), v200, fine, tool0;
    xh{num2} := xh{num1};
ENDPROC                          物块的序号值进行交换
```

图 5 – 41　物块交换通用带参程序

图 5-42 过渡点

```
IF y <> i THEN
    Routine1 i, 6;    如果序号值最
    Routine1 y, i;    小的物块不是
    Routine1 6, y;    当前物块，则
ENDIF                 需要交换
```

图 5-43 交换物块位置的 IF 指令语句

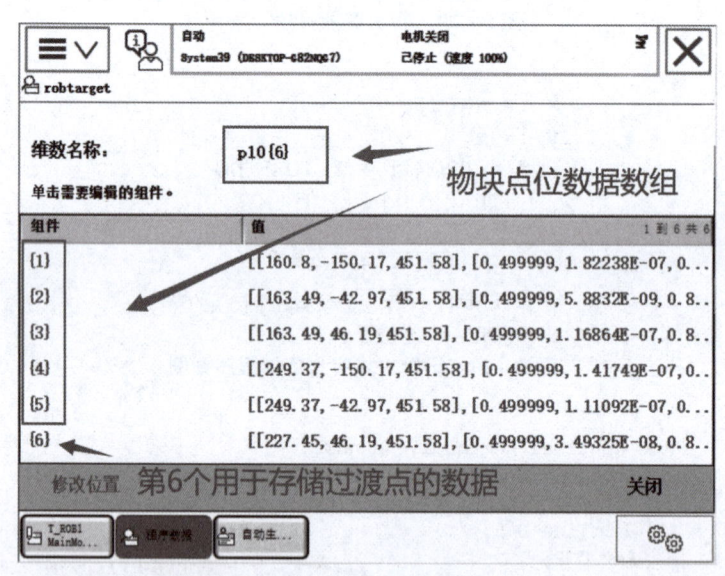

图 5-44 创建数组

在机器人中，创建一个 num 数据类型的数组 xh{6}，用于存储物块序号值。在实际使用时，会在物块表面贴上二维码或条形码等，通过机器人视觉系统对二维码或条形码进行识别，这样就可以把物块的序号值保存到数组 xh{6} 中。

如图 5-45 所示，手动给数组 xh{6} 赋值 1~5，来模拟视觉检测。

2. 程序设计

物块智能排序程序如图 5-46 所示。

程序设计

172

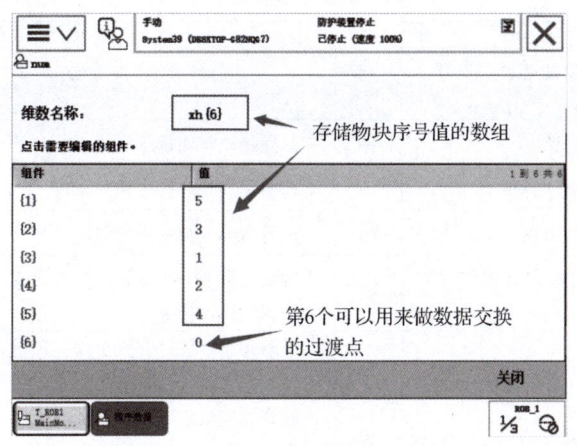

图 5－45　模拟视觉检测

```
PROC main()
    FOR i FROM 1 TO 5 DO        总共5个物块
        x := xh{i};
        y := i;
        FOR j FROM i + 1 TO 5 DO
            IF x > xh{j} THEN
                x := xh{j};
                y := j;
            ENDIF
        ENDFOR
        IF y <> i THEN
            Routine1 i, 6;
            Routine1 y, i;
            Routine1 6, y;
        ENDIF                   物块位置交换
    ENDFOR
    Stop;
ENDPROC
PROC Routine1(num num1,num num2)
    MoveJ Offs(p10{num1},0,0,150), v200, fine, tool0;
    MoveL p10{num1}, v200, fine, tool0;
    WaitTime 0.5;
    Set DO9;
    WaitTime 0.5;
    MoveL Offs(p10{num1},0,0,150), v200, fine, tool0;
    MoveJ Offs(p10{num2},0,0,150), v200, fine, tool0;
    MoveL p10{num2}, v200, fine, tool0;
    WaitTime 0.5;
    Reset DO9;
    WaitTime 0.5;
    MoveL Offs(p10{num2},0,0,150), v200, fine, tool0;
    xh{num2} := xh{num1};
ENDPROC
```

图 5－46　物块智能排序程序

任务评价

具体评价标准与要求如表 5－3 所示。

表 5-3 评价标准与要求

评分项目	考核内容及要求	分值	评分细则	自评分	互评分	师评分
理论知识	物块智能排序思路	10	掌握物块智能排序思路			
	物块智能排序算法原理	10	理解物块智能排序算法原理			
	机器人视觉模拟方法	10	理解机器人视觉模拟方法			
实操技能	使用 ABB 机器人完成物块智能排序任务	50	能够正确使用 ABB 机器人完成物块智能排序任务			
素养目标	增强团队协作意识	10	能够与各个成员分工协作、积极参与			
	培养程序调试能力	10	能够与完成程序调试，实现最终效果			
任务总结	(包括理论知识、实操技能、素养目标)					
总评分						

任务 5.4　机器人产线安全与防护

任务描述

本任务要求在机器人运动过程中，加入中断处理程序。通过外部拨钮开关，中断机器人的运动；而恢复外部拨钮开关，则机器人继续按照原来的路径运动。

任务目标

1. 知识目标

（1）掌握 ABB 机器人停止的种类。
（2）理解 ABB 机器人中断程序的含义、创建方法。
（3）理解 ABB 机器人系统中断的运动控制指令。

2. 技能目标

（1）能够完成中断程序的创建。
（2）能够通过外部信号实现机器人的中断程序控制。

3. 素养目标

（1）培养学生理论与实践相结合的能力。
（2）培养学生的创新精神。

相关知识

5.4.1　ABB 机器人停止介绍

ABB 机器人的停止主要分为 4 类。

（1）紧急停止（emergency stop，ES）。工业机器人急停按键如图 5-47 所示。

一旦触发 ES 回路，机器人无论在何种运行模式下，都会立即停止，且在报警没有确认（松开急停按键，按通电按键通电）的情况下，机器人是无法继续运行的。建议只在紧急的情况下使用急停按键，使用不正确会影响机器人的使用寿命。

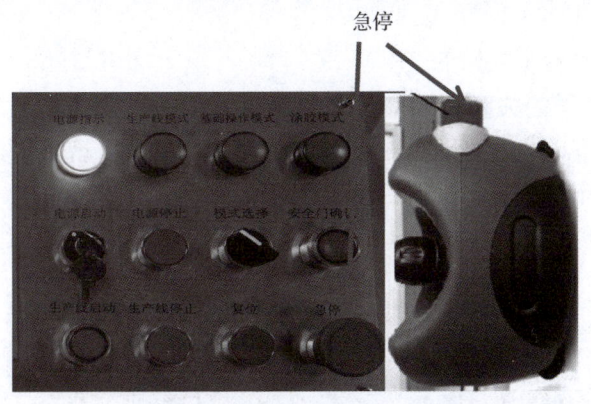

图 5-47　工业机器人急停按键

（2）自动停止（auto stop，AS）。

AS 只有在机器人自动运行模式下才会起作用，常用于机器人自动运行时监控其附属安全装置的状态，如护栏安全门锁、安全光栅等。

（3）常规停止（general stop，GS）。

GS 在机器人的所有运行模式下都有效。只要触发 GS，机器人就无法通电。GS 一般很少用，机器人在手动点动（JOG）运动模式下，如果配置了 GS，就会引起不必要的麻烦。

（4）上级停止（superior stop，SS）。

SS 主要用于与外部设备进行连接，如安全 PLC。SS 在机器人任何运行模式下都有效，一般也很少用。

5.4.2　机器人中断程序的含义

在 RAPID 程序的执行过程中，如果发生要求紧急处理的情况，则需要机器人中断当前的执行程序，PP 马上跳转到专门的程序中对紧急情况进行相应处理，处理结束后 PP 再返回到原来中断的地方，继续向下执行程序。中断程序流程如图 5-48 所示。用来处理紧急情况的专门程序称为中断程序（trap）。

中断程序经常用于出错处理、外部信号的响应这种对实时响应要求高的场合，相当于机器人后台在循环扫描信号，然后由对应信号触发对应的中断程序。若中断程序内无运动指令，则不影响机器人运动。

机器人中断程序的含义

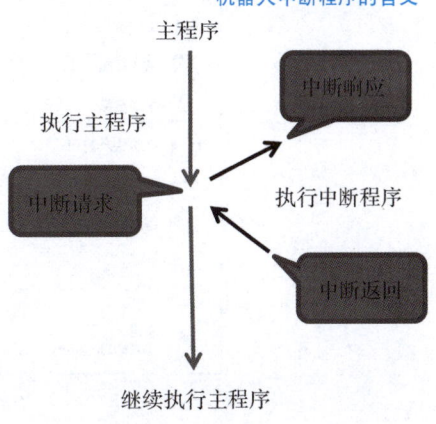

图 5-48　中断程序流程

任务实施

本任务选用基于瑞士 ABB 公司 IRB1410 机器人本体的 A01 型基础教学工作站模拟机器人产线的维护，这里用机器人的输入信号拨钮开关来模拟光栅传感器，实现机器人在运动过程中的中断响应。

机器人中断程序编写步骤如下。

1. 机器人系统信号的关联

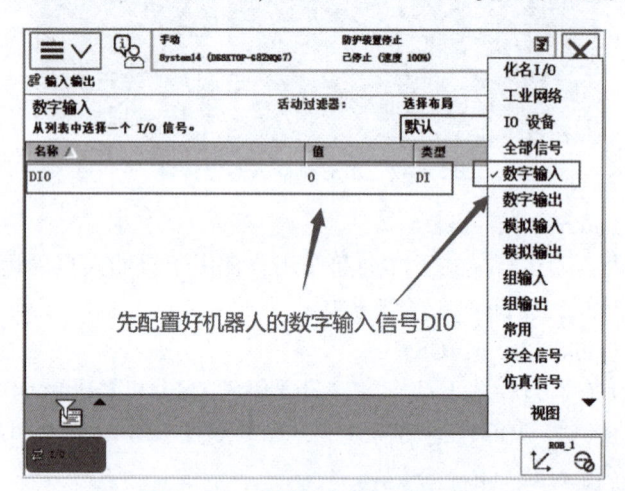

（1）将数字输入信号与机器人系统的控制信号关联起来，就可以通过输入信号对机器人系统进行控制，如电机通电、程序启动或停止等。

先配置好机器人的数字输入信号 DI0，如图 5-49 所示。具体配置方法详见 2.1.3 节。

图 5-49　配置数字输入信号 DI0

（2）接下来，要创建机器人的系统输入，并将系统输入与刚创建好的数字输入信号 DI0 相关联。单击 ABB 主菜单按钮，选择"控制面板"选项，如图 5-50 所示。

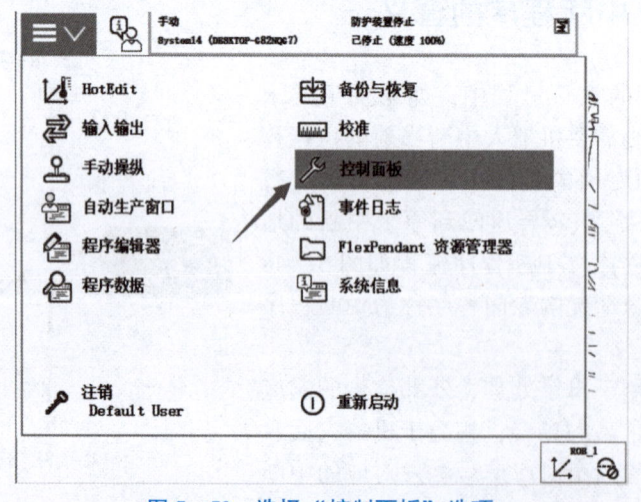

图 5-50　选择"控制面板"选项

(3) 选择"配置"选项，配置系统参数，如图5-51所示。

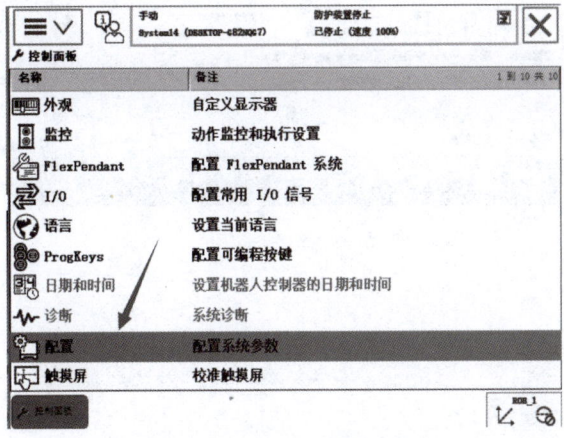

图5-51 选择"配置"选项

(4) 选择System Input选项，配置系统输入，如图5-52所示。

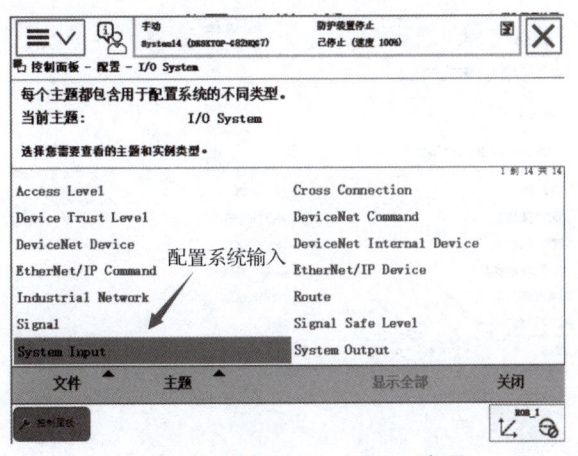

图5-52 选择System Input选项

(5) 单击"添加"按钮，添加系统输入，如图5-53所示。

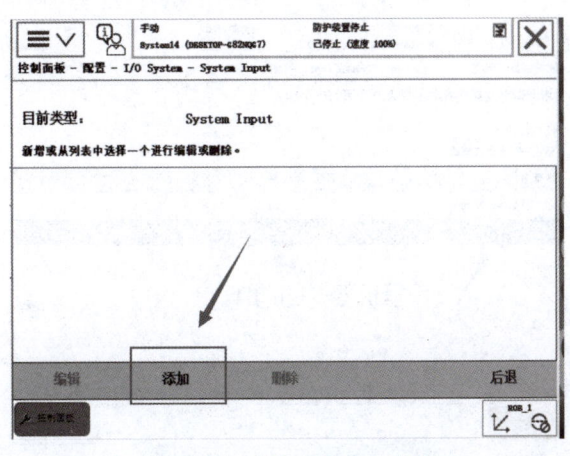

图5-53 单击"添加"按钮

(6) 双击 Signal Name 选项，关联信号，如图 5–54 所示。

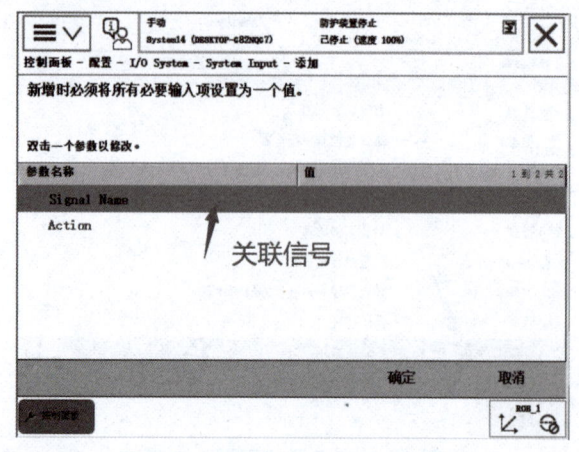

图 5–54　双击 Signal Name 选项

(7) 选择要关联的信号 DI0 选项，如图 5–55 所示。

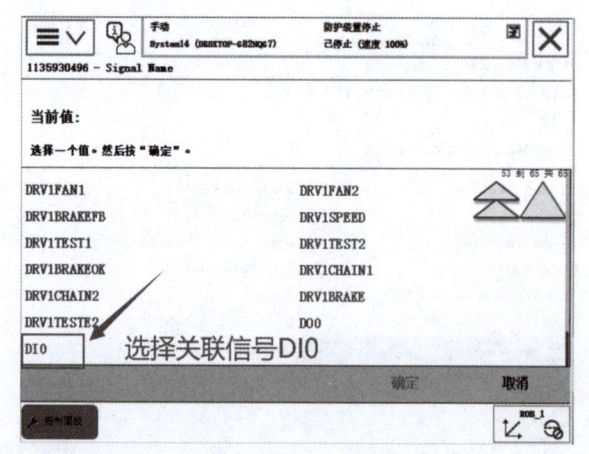

图 5–55　选择要关联的信号 DI0 选项

(8) 选择 Action 选项，设置机器人的动作，如图 5–56 所示。

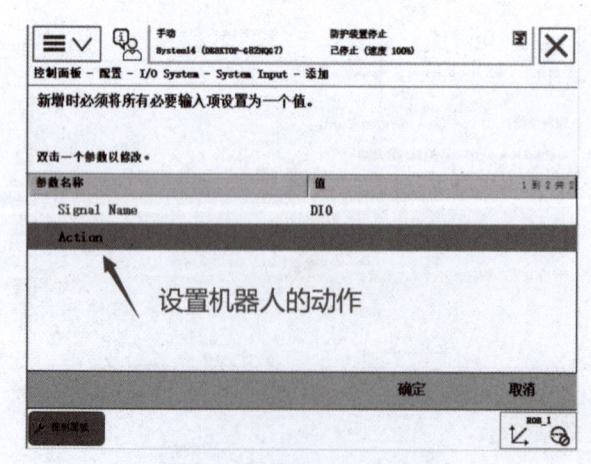

图 5–56　选择 Action 选项

（9）选择机器人的动作模式，如图 5-57 所示。

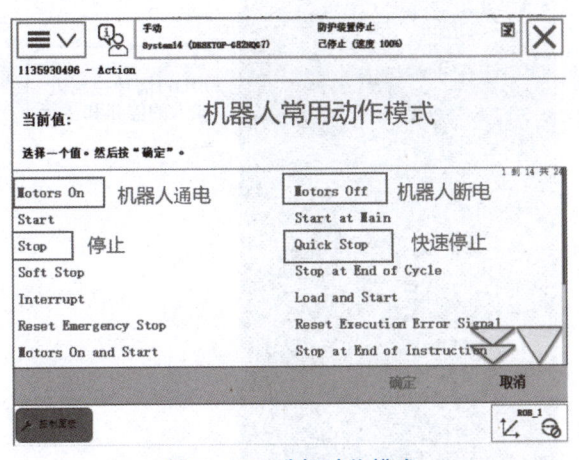

图 5-57　选择动作模式

（10）对应 MotorsOff、Stop、Quick Stop 3 种动作模式分别创建 3 个系统输入信号，如图 5-58 所示。

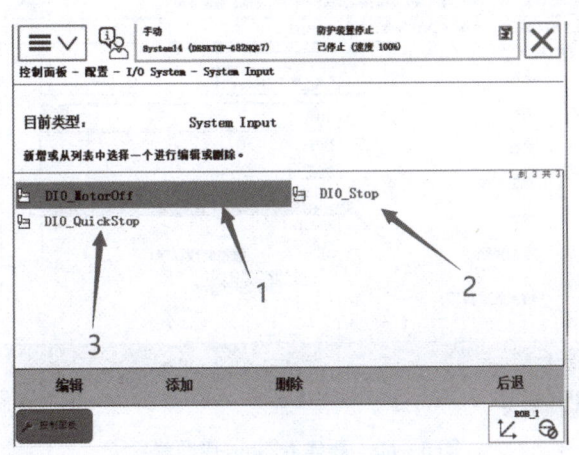

图 5-58　3 个系统输入信号

①DI0 MotorOff 为 DI0 信号接通时机器人电机断电。
②DI0 Stop 为 DI0 信号接通时机器人运行大约 1 s 后停止。
③DI0 QuickStop 为 DI0 信号接通后机器人立刻停止。

中断程序

2. 中断程序

如图 5-59 所示，以机器人在 DI3 信号为 0 时启动运行、DI3 信号为 1 时停止运动、DI3 信号再次为 0 时继续运行为例，编写中断程序。

（1）新建 2 个中断程序，其中中断程序 tr_stop 主要用于停止机器人运动与存储机器人运行的运动路径，如图 5-60 所示。

（2）在中断程序 tr_stop 中添加出错或中断时的运动控制指令 StopMove（停止机器人运动）和 StorePath（存储已生成的最近路径），如图 5-61 所示。

（3）中断程序 tr_start 主要用于恢复机器人运动与之前的路径，如图 5-62 所示。

图 5-59　DI 控制开关

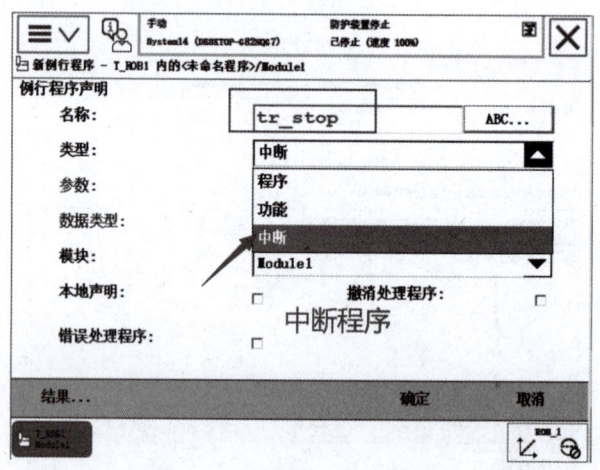

图 5-60　新建 tr_stop 中断程序

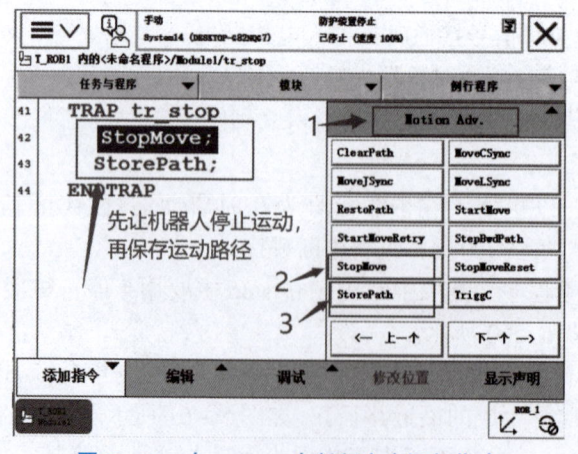

图 5-61　在 tr_stop 中断程序中添加指令

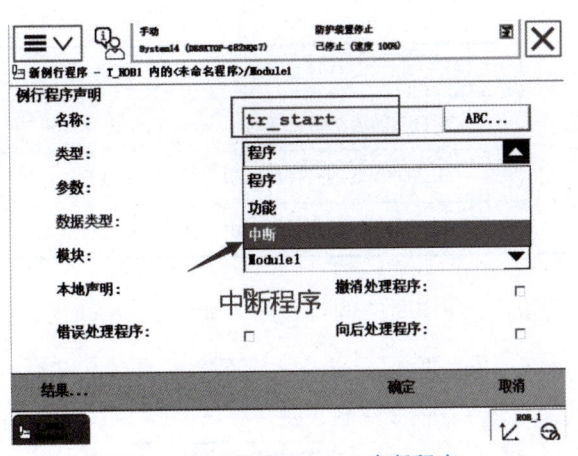

图 5-62 新建 tr_start 中断程序

（4）在中断程序 tr_start 中添加出错或中断时的运动控制指令 RestoPath（恢复之前的运动路径）和 StartMove（恢复机器人运动），如图 5-63 所示。

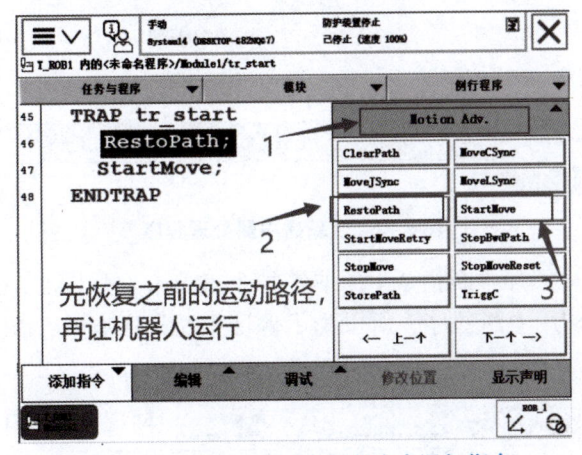

图 5-63 在 tr_start 中断程序中添加指令

ABB 机器人出错或中断时的运动控制指令如表 5-4 所示。

表 5-4 ABB 机器人出错或中断时的运动控制指令

指令	说明
StopMove	停止机器人运动
StartMove	重新启动机器人运动
StartMoveRetry	重新启动机器人运动及相关参数设定
StopMoveReset	对停止运动状态复位，但不重新启动机器人运动
StorePath	存储已生成的最近路径
RestoPath	重新生成之前存储的路径
ClearPath	在当前运动路径级别中，清空整个运动路径

续表

指令	说明
PathLevel	获得当前运动路径级别
SyncMoveSuspend	在 StorePath 的路径级别中，暂停同步坐标运动
SyncMoveResume	在 StorePath 的路径级别中，重返同步坐标运动

（5）新建一个专门用于处理中断的例行程序，如图 5-64 所示。

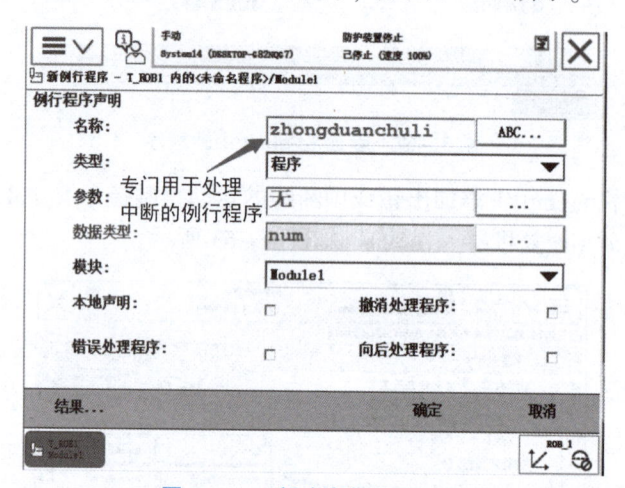

图 5-64　新建中断处理程序

（6）在例行程序中添加中断指令中的取消指令 IDelete，如图 5-65 所示。因为使用中断程序前不确定是否调用中断程序，所以为了保证中断程序有效，在编写中断程序前，都会先删除之前的中断程序。

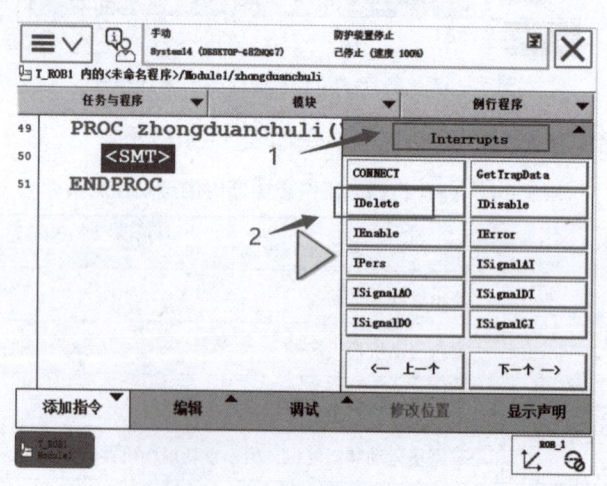

图 5-65　添加 IDelete 指令

（7）删除中断符号 intno1，如图 5-66 所示。intno1 只是一个中断符号，无实际意义。
（8）由于 intno1 只是一个中断符号，无实际意义，因此需要关联它与前面创建的中断程序 tr_stop 或 tr_start，如图 5-67 所示。

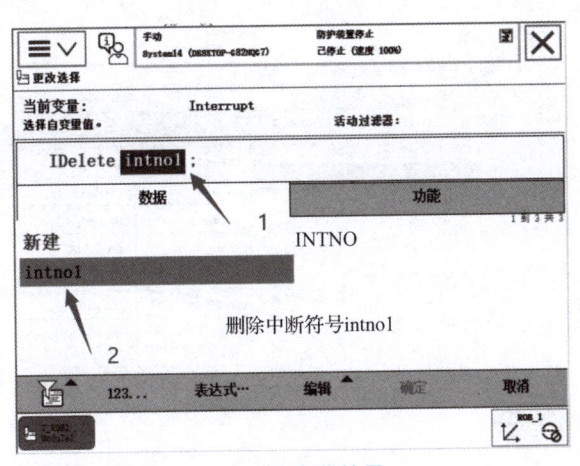

图 5-66 删除中断符号 intno1

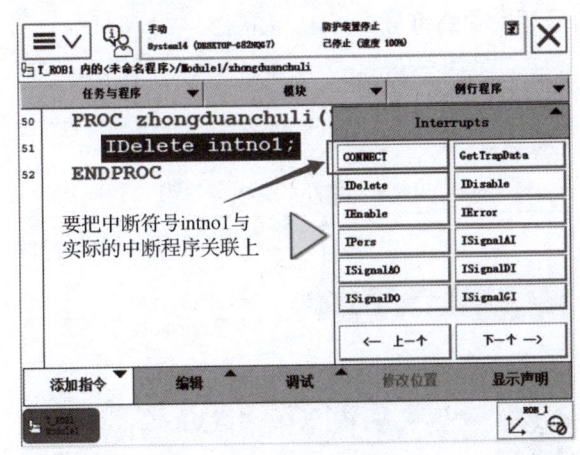

图 5-67 关联中断程序 1

(9) 关联中断符号 intno1 与中断程序 tr_stop，使其代表中断程序 tr_stop，如图 5-68 所示。

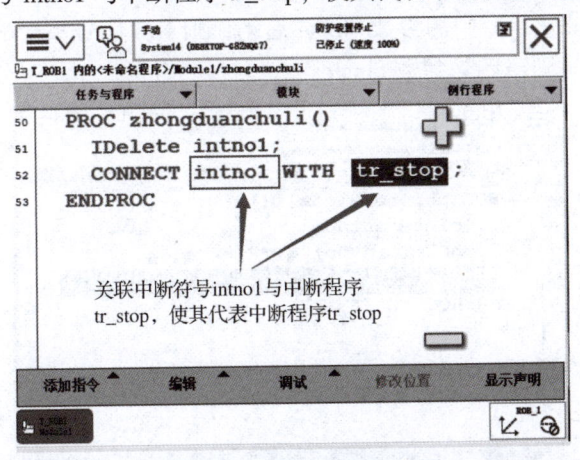

图 5-68 关联中断程序 2

(10) 添加一个中断触发信号指令。因为中断程序是用数字输入信号 DI3 触发，所以选择 ISiganlDI 选项，如图 5-69 所示。

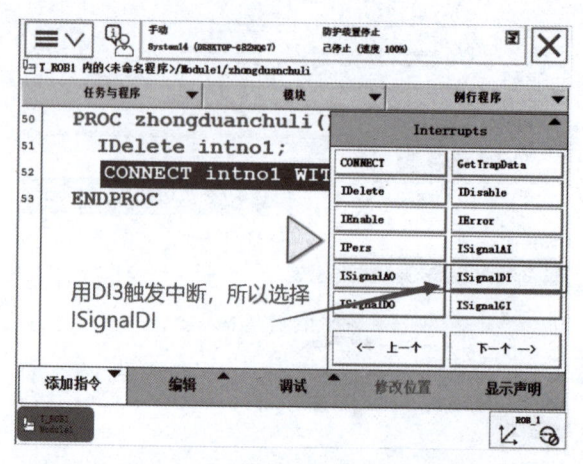

图 5-69　添加中断触发信号指令

（11）选择 DI3 信号触发中断符号 intno1，如图 5-70 所示。

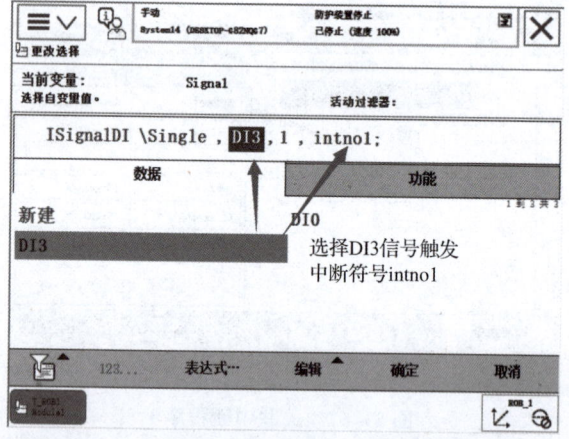

图 5-70　选择 DI3 信号触发中断符号 **intno1**

（12）如果 ISiganlDI 指令中的参数 Single 启动，则 DI3 信号只会响应 1 次，如图 5-71 所示。若要重复响应，则需删除参数 Single。

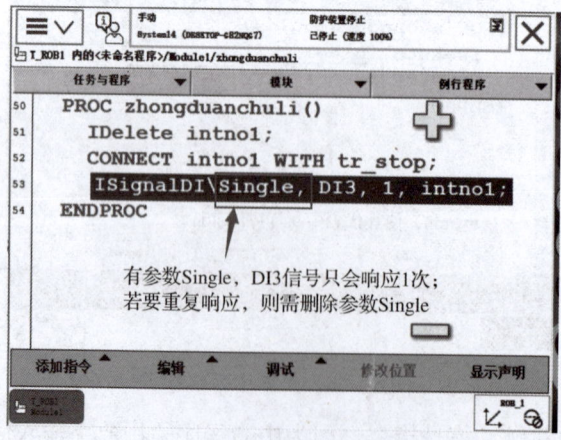

图 5-71　修改参数 Single 步骤 1

（13）双击 ISiganlDI 整条指令语句，单击"可选变量"按钮，如图 5-72 所示。

图 5-72　修改参数 Single 步骤 2

（14）可以观察到参数 Signle 处于"已使用"状态，如图 5-73 所示，这里需要修改成"未使用"状态。

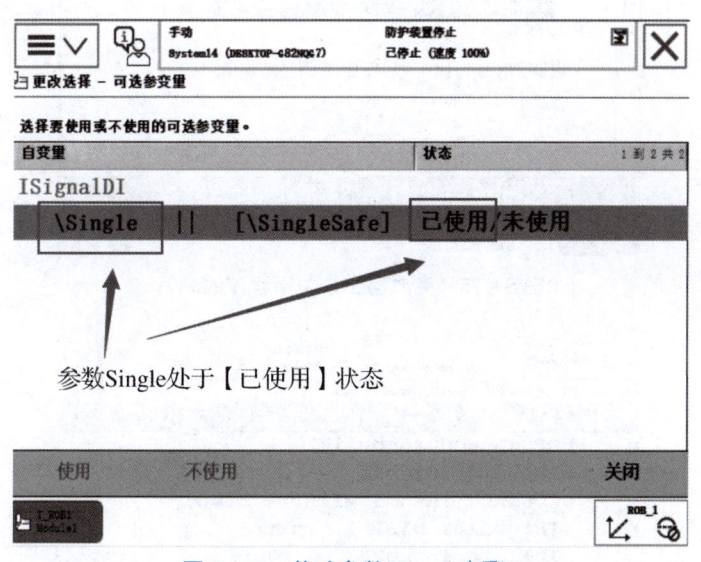

图 5-73　修改参数 Signal 步骤 3

（15）双击参数 Signle，将其状态改为"不使用"，如图 5-74 所示。
（16）这里就完成第 1 个中断程序的编写，如图 5-75 所示。
（17）同理可以完成第 2 个中断程序的编写，如图 5-76 所示。
（18）中断程序中，DI3 信号为 0 时触发中断符号 intno2，如图 5-77 所示。
（19）在主程序 main 中调用中断程序，如图 5-78 所示，然后观察机器人的运动进行测试。当 DI3 =1 时，机器人停止运动；当 DI3 =0 时，机器人启动运行。

185

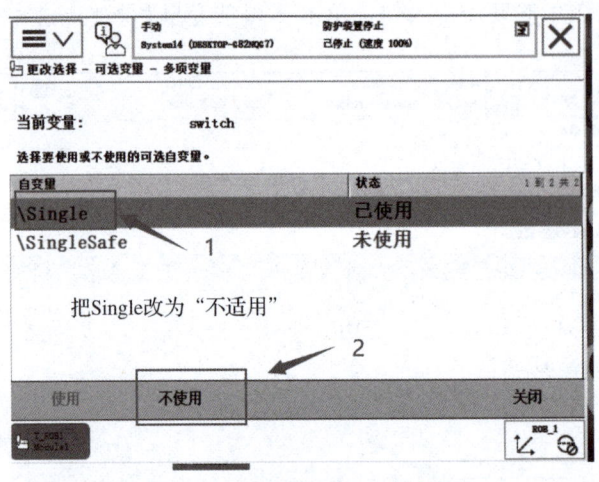

图 5-74 修改参数 Signal 步骤 4

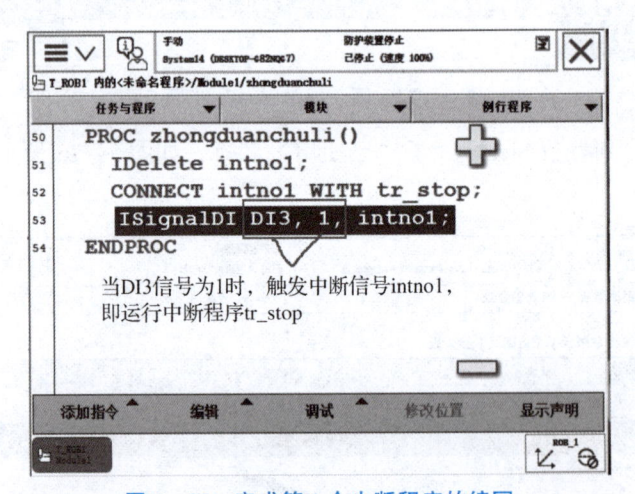

图 5-75 完成第 1 个中断程序的编写

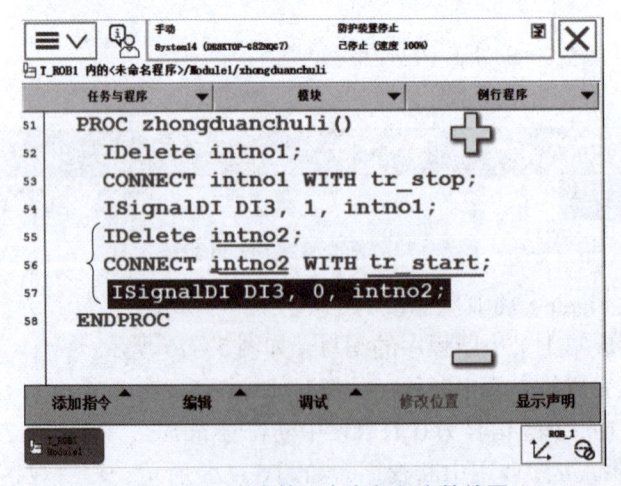

图 5-76 完成第 2 个中断程序的编写

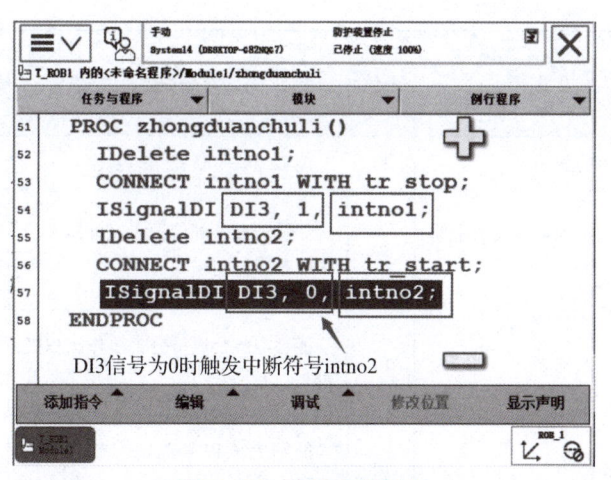

图 5-77 完成中断程序

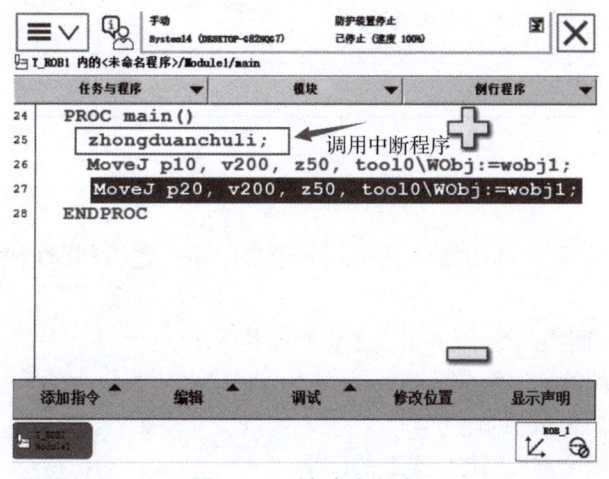

图 5-78 完成主程序

任务评价

具体评价标准与要求如表 5-5 所示。

表 5-5 评价标准与要求

评分项目	考核内容及要求	分值	评分细则	自评分	互评分	师评分
理论知识	ABB 机器人停止的种类	10	掌握 ABB 机器人停止的种类			
	ABB 机器人中断程序的含义、创建方法	10	理解 ABB 机器人中断程序的含义、创建方法			
	ABB 机器人系统中断的运动控制指令	10	掌握机器人系统中断的运动控制指令			

187

续表

评分项目	考核内容及要求	分值	评分细则	自评分	互评分	师评分
实操技能	完成中断程序的创建	20	能够完成中断程序的创建			
	通过外部信号实现机器人的中断程序控制	30	能够通过外部信号实现机器人的中断程序控制			
素养目标	增强团队协作意识	10	能够与各个成员分工协作、积极参与			
	培养程序调试能力	10	能够完成程序调试，实现最终效果			
任务总结	（包括理论知识、实操技能、素养目标）					
总评分						

项目小结

本项目详细介绍了程序调用指令 ProCall、带参程序、逻辑判断指令 IF、ABB 机器人停止等知识。

（1）介绍了程序调用指令 ProCall、逻辑判断指令 IF。

（2）讲解了物块位置交换的原理。

（3）介绍了带参程序的创建方法。

（4）讲解了 IF 指令与 WHILE 指令的区别。

（5）介绍了 ABB 机器人停止的种类、ABB 机器人中断程序的含义和创建方法、ABB 机器人系统中断的运动控制指令。

（6）讲解了物块智能分拣实训项目、机器人中断程序控制项目。

参 考 文 献

[1] 田贵福，林燕文. 工业机器人现场编程（ABB）[M]. 北京：机械工业出版社，2021.

[2] 张超，王超. ABB 工业机器人现场编程 [M]. 2 版. 北京：机械工业出版社，2021.

[3] 陈小艳，郭炳宇，林燕文. 工业机器人现场编程（ABB）[M]. 北京：高等教育出版社，2018.

[4] 吕世霞，周宇，沈玲. 工业机器人现场操作与编程 [M]. 湖北：华中科技大学出版社，2019.

[5] 蒋庆斌，陈小艳. 工业机器人现场编程 [M]. 2 版. 北京：机械工业出版社，2021.

[6] 吴海波，刘海龙. 工业机器人现场编程（ABB）[M]. 北京：高等教育出版社，2017.

[7] 李春勤，赵振铎，李娜. 工业机器人现场编程（ABB）[M]. 北京：航空工业出版社，2019.

[8] 李锋，李宗泽，张永乐. ABB 工业机器人现场编程与操作 [M]. 北京：化学工业出版社，2021.

[9] 杨辉静，陈冬. 工业机器人现场编程（ABB）[M]. 北京：化学工业出版社，2018.

[10] 张金红，李建朝. 工业机器人应用技术（ABB）[M]. 北京：北京理工大学出版社，2024.

[11] 张建荣，陈磊，郭金妹. 工业机器人现场编程 [M]. 北京：北京理工大学出版社，2023.

[12] 刘耀元. ABB 工业机器人操作与编程 [M]. 北京：北京理工大学出版社，2021.

[13] 张金红，李建朝. ABB 工业机器人编程 [M]. 北京：北京理工大学出版社，2023.

[14] 张宏立，何忠悦. 工业机器人操作与编程（ABB） [M]. 北京：北京理工大学出版社，2017.